Stéphane Gasparini

Production et alimentation de copépodes planctoniques estuariens

Stéphane Gasparini

Production et alimentation de copépodes planctoniques estuariens

Fécondité et régime alimentaire d'Eurytemora affinis et Acartia bifilosa

Presses Académiques Francophones

Impressum / Mentions légales
Bibliografische Information der Deutschen Nationalbibliothek: Die Deutsche Nationalbibliothek verzeichnet diese Publikation in der Deutschen Nationalbibliografie; detaillierte bibliografische Daten sind im Internet über http://dnb.d-nb.de abrufbar.
Alle in diesem Buch genannten Marken und Produktnamen unterliegen warenzeichen-, marken- oder patentrechtlichem Schutz bzw. sind Warenzeichen oder eingetragene Warenzeichen der jeweiligen Inhaber. Die Wiedergabe von Marken, Produktnamen, Gebrauchsnamen, Handelsnamen, Warenbezeichnungen u.s.w. in diesem Werk berechtigt auch ohne besondere Kennzeichnung nicht zu der Annahme, dass solche Namen im Sinne der Warenzeichen- und Markenschutzgesetzgebung als frei zu betrachten wären und daher von jedermann benutzt werden dürften.

Information bibliographique publiée par la Deutsche Nationalbibliothek: La Deutsche Nationalbibliothek inscrit cette publication à la Deutsche Nationalbibliografie; des données bibliographiques détaillées sont disponibles sur internet à l'adresse http://dnb.d-nb.de.
Toutes marques et noms de produits mentionnés dans ce livre demeurent sous la protection des marques, des marques déposées et des brevets, et sont des marques ou des marques déposées de leurs détenteurs respectifs. L'utilisation des marques, noms de produits, noms communs, noms commerciaux, descriptions de produits, etc, même sans qu'ils soient mentionnés de façon particulière dans ce livre ne signifie en aucune façon que ces noms peuvent être utilisés sans restriction à l'égard de la législation pour la protection des marques et des marques déposées et pourraient donc être utilisés par quiconque.

Coverbild / Photo de couverture: www.ingimage.com

Verlag / Editeur:
Presses Académiques Francophones
ist ein Imprint der / est une marque déposée de
OmniScriptum GmbH & Co. KG
Heinrich-Böcking-Str. 6-8, 66121 Saarbrücken, Deutschland / Allemagne
Email: info@presses-academiques.com

Herstellung: siehe letzte Seite /
Impression: voir la dernière page
ISBN: 978-3-8416-2236-5

Copyright / Droit d'auteur © 2014 OmniScriptum GmbH & Co. KG
Alle Rechte vorbehalten. / Tous droits réservés. Saarbrücken 2014

Remerciements

Les recherches exposées ici ont été réalisées au Laboratoire d'Océanographie Biologique de l'Université Bordeaux I.

Mes remerciements vont tout d'abord à Jacques Castel qui a dirigé cette thèse jusqu'en janvier 1997, date à laquelle son décès est brutalement intervenu. Jacques Castel était un professionnel apprécié et reconnu. Il fut dévoué à son travail et à ses étudiants jusqu'aux dernières heures de sa vie. Il manquera cruellement à tous ceux qui comme moi ont eut la chance de pouvoir travailler à ses cotés.

Mes remerciements vont aussi à Christine Audit qui a accepté de diriger cette thèse après le décès de Jacques Castel et qui m'a soutenu avec pertinence et gentillesse à chaque fois que cela a été nécessaire.

Je remercie également Pierre Caumette pour m'avoir accueilli dans son laboratoire et pour avoir accepté de présider le jury d'examen ainsi que Paul Nival pour ses conseils et pour son expertise du projet de mémoire.

Merci à François Carlotti et à Michèle Tackx pour les nombreux conseils qui ont largement contribué à l'élaboration de ce manuscrit et pour avoir accepté de participer au jury d'examen en dépit des contraintes que cela imposait.

Merci enfin à tous les membres du laboratoire d'Arcachon et du D.G.O. qui ont participé à l'accomplissement de cette thèse et en particulier à Henri Etcheber et Didier Burdloff pour leur collaboration, à Anne-Marie Castel et Michel Parra pour leur aide technique et leur soutien amical ainsi qu'à George Oggian, capitaine de la vedette océanographique « Ebalia ».

Les recherches exposées ici ont bénéficié des soutiens financiers suivant:
- Programme MATURE (CEE, ENVIRONMENT)
- Surveillance écologique du CPN Le Blayais (EDF-IFREMER)
- Fond commun de coopération Aquitaine/Euskadi/Navarre

Table des matières

I. Introduction générale..p. 7

II. Description des estuaires étudiés...........................p. 15
   II.1) Considérations générales......................................p. 15
   II. 2) L'estuaire de la Gironde..p. 19
      Particularités..p. 19
      Débits liquides...p. 20
      Température..p. 20
      Salinité..p. 20
      Matières en suspension ....p. 21
      Oxygène dissous..p. 22
      Sels nutritifs dissous..p. 23
   II. 3) L'estuaire de l'Elbe..p. 24
      Particularités..p. 24
      Débits liquides...p. 25
      Température..p. 25
      Salinité..p. 25
      Matières en suspension ....p. 25
      Oxygène dissous..p. 26
      Sels nutritifs dissous..p. 27
   II. 4) L'estuaire de l'Escaut...p. 28
      Particularités..p. 28
      Débits liquides...p. 28
      Température..p. 29
      Salinité..p. 29
      Matières en suspension ....p. 29
      Oxygène dissous..p. 30
      Sels nutritifs dissous..p. 31
   II. 5) L'estuaire de Mundaka...p. 33
      Particularités..p. 33
      Débits liquides...p. 34
      Température..p. 34
      Salinité..p. 34
      Matières en suspension ....p. 35
      Oxygène dissous..p. 36
      Sels nutritifs..p. 36
   II. 6) Comparaison des estuaires et conclusion..........p. 38

III. Facteurs contrôlant la fécondité *in situ* des copépodes estuariens ....p. 40

III.1) Introduction ....p. 40
III. 2) Matériels et méthodes ....p. 43
Echantillonnage ....p. 43
Paramètres physico-chimiques et analyse des MES ....p. 44
Fécondité *in situ* ....p. 46
III. 3) Résultats ....p. 50
Fécondité d'*E. affinis* dans l'estuaire de la Gironde ....p. 50
Fécondité d'*E. affinis* dans l'Elbe, l'Escaut et la Gironde ....p. 57
Fécondité d'*A. bifilosa* dans la Gironde ....p. 62
Fécondité d'*A. bifilosa* dans les estuaires de Mundaka et de la Gironde ....p. 67
III. 4) Discussion ....p. 72
Comparaison entre les données obtenues et celles de la littérature ....p. 72
Effet de la température ....p. 73
Effet de la concentration en MES ....p. 75
Importances relatives des facteurs température et concentration en MES ....p. 77

IV. Rôle du phytoplancton dans le régime alimentaire *in situ* des copépodes estuariens ....p. 79

IV.1) Introduction ....p. 79
IV. 2) Matériels et méthodes ....p. 81
Echantillonnage ....p. 81
Paramètres physico-chimiques et analyse des MES ....p. 81
Poids des femelles et de leurs oeufs ....p. 82
Contenus intestinaux en pigments ....p. 83
Vitesse d'évacuation ....p. 84
Calcul de la quantité de phytoplancton ingérée par les femelles ....p. 85
Quantité de carbone requise pour couvrir la production d'oeufs ....p. 85
IV. 3) Résultats ....p. 87
Contenus intestinaux en pigments ....p. 87
Vitesse d'évacuation ....p. 94
Quantité de phytoplancton ingérée par les femelles ....p. 98
Comparaison entre la quantité de carbone d'origine phytoplanctonique ingérée par les femelles et la quantité requise pour couvrir la production d'oeufs ....p. 100
IV. 4) Discussion ....p. 102
Cas d'*E. affinis* ....p. 102
Cas d'*A. bifilosa* ....p. 106
Conclusion ....p. 108

V. Rôle du nanoplancton autotrophe et hétérotrophe dans le régime alimentaire *in situ* des copépodes estuariens ....p. 109

V.1) Introduction ....p. 109
V. 2) Matériels et méthodes ....p. 112
Echantillonnage ....p. 112
Paramètres physico-chimiques ....p. 112
Nanophytoplancton et nanozooplancton ingérés par les copépodes ....p. 112
Besoins en carbone des copépodes ....p. 115
V. 3) Résultats ....p. 116
V. 4) Discussion ....p. 123
V. 5) Conclusion ....p. 127

VI. Influence de la concentration en MES sur l'ingestion et la fécondité des copépodes estuariens : expériences en laboratoire ....p. 128

VI.1) Introduction ....p. 128
VI. 2) Matériels et méthodes ....p. 131
Prélèvement des animaux destinés aux expériences ....p. 131
Particules utilisées au cours des expériences ....p. 131
Nourritures utilisées au cours des expériences ....p. 131
Incubation des copépodes ....p. 133
Fécondité ....p. 134
Ingestion ....p. 135
VI. 3) Résultats ....p. 136
Caractéristiques des particules et des algues utilisées au cours des expériences ....p. 136
Résultats obtenus avec *E. affinis* ....p. 137
Résultats obtenus avec *A. bifilosa* ....p. 140
VI. 4) Discussion ....p. 144
Influence des MES ....p. 144
Influence de la nourriture utilisée ....p. 147
Limites à la transposition des résultats vers le milieu naturel ....p. 147
Conclusion ....p. 149

VII. Comparaison entre la production des femelles et la production des stades copépodites et naupliens ....p. 150

VII.1) Introduction ....p. 150
VII. 2) Matériels et méthodes ....p. 152
Echantillonnage ....p. 152
Paramètres physico-chimiques ....p. 152
Poids des individus et des oeufs ....p. 152
Production d'oeufs ....p. 153
Production somatique des copépodites et des *nauplii* ....p. 153
VII. 3) Résultats ....p. 158
Poids des différents stades ....p. 158
Résultats obtenus avec *E. affinis* ....p. 159
Résultats obtenus avec *A. bifilosa* ....p. 163
VI. 4) Discussion ....p. 167
Comparaison entre les données obtenues et celles de la littérature ....p. 167
Relations entre la production d'oeufs et la production somatique ....p. 168
Rôle de la stratégie de reproduction adoptée ....p. 170

VIII. Conclusion générale ....p. 172

Références Bibliographiques ....p. 181

I. Introduction générale

Les estuaires ont toujours suscité chez l'Homme un intérêt particulier, soit comme voies de navigation, soit comme sites privilégiés pour la pêche, l'aquaculture, l'industrie ou le tourisme.

Situés à l'interface entre Océans et Continents, ces écosystèmes résultent de la convergence des eaux provenant de zones de drainage parfois très étendues. Ainsi, les estuaires se comportent comme des entonnoirs, concentrant les éléments particulaires et dissous issus de l'érosion et de l'activité humaine, avant de les acheminer vers les écosystèmes littoraux adjacents.

Ces milieux ne doivent cependant pas être considérés comme de simples zones de transition. Ils possèdent en effet leur propre dynamique. Ils influencent les flux de matières organiques, les flux de sels nutritifs ainsi que le devenir de divers polluants. Ainsi, la réponse d'un estuaire à des modifications d'origine naturelle ou anthropique, intervenant en amont comme en son sein, pourrait s'avérer déterminante dans les processus d'eutrophisation côtière.

Les écosystèmes estuariens sont généralement peuplés par un petit nombre d'espèces animales qui représentent néanmoins une biomasse vivante très importante et dont certaines revêtent une importance économique manifeste (huîtres, palourdes, crevettes, anguilles, esturgeons). Une approche classique en écologie consiste à considérer cette faible diversité spécifique comme la résultante des importantes contraintes physiologiques engendrées par la variabilité des paramètres physico-chimiques et auxquelles peu d'espèces sont adaptées. La température, la salinité, les particules en suspensions, l'oxygène dissous ou les sels nutritifs sont autant de paramètres variant rapidement dans ces milieux en liaison avec les changements de débits fluviaux ou en fonction de l'intensité des mélanges entre les eaux douces et marines (voir chap. II). Les populations estuariennes sont donc tolérantes par nature. Elles vivent cependant souvent très près de leur seuil de tolérance et des contraintes supplémentaires pourraient avoir d'importantes conséquences. Non seulement certaines espèces pourraient être amenées à disparaître, mais les transformations biogéochimiques dans lesquelles elles sont impliquées pourraient être modifiées ou ne plus se produire.

Dans ce contexte, le mésozooplancton est un groupe particulièrement bien représenté d'un point de vue quantitatif. Il occupe une position clef de la chaîne alimentaire (Fig. I. 1). Les organismes de ce groupe peuvent en effet se nourrir d'algues comme de microzooplancton (Heinle *et al.*, 1977 ; Berk *et al.*, 1977 ; White et Roman, 1992), de bactéries (Boak et Goulder, 1983 ; Gyllenberg, 1984) ou de détritus (Heinle *et al.*, 1977 ; Roman, 1984), avant de servir à leur tour de nourriture aux crevettes ou aux larves de poisson (Schnack et Böttger, 1981).

De plus, ils régénèrent des nutriments pour les producteurs primaires ainsi que des substrats (pelotes fécales) pour les bactéries (Uye et al., 1990). Ils jouent donc un rôle capital dans les transferts d'énergie vers les niveaux trophiques supérieurs (souvent exploités par l'Homme) et d'une manière plus générale, influencent la nature et l'intensité des transformations biogéochimiques.

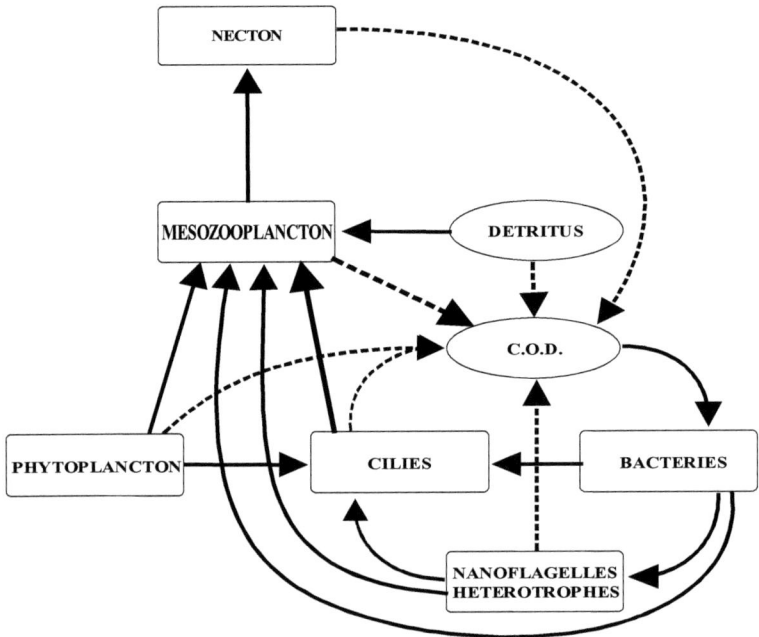

Figure I. 1 : Schéma simplifié des relations trophiques au sein d'un écosystème pélagique estuarien. Le compartiment détritus a été ajouté en raison de son importance quantitative dans ce type de milieux. D'après Lenz (1992).

Dans les estuaires tempérés de l'hémisphère nord, l'essentiel du mésozooplancton est composé des copépodes calanoïdes *Eurytemora affinis* (Fig. I. 2), *Acartia tonsa* et/ou *Acartia bifilosa* (Fig. I. 3). *Eurytemora affinis* est souvent l'espèce la plus abondante, en particulier au printemps, période durant laquelle ses effectifs sont au maximum. Elle représente parfois à elle seule plus de 80 % du mésozooplancton. Son centre de distribution est, à quelques rares exceptions près, situé dans la zone oligohaline des estuaires (salinités comprises entre 0,5 et 5 ‰), là où la circulation résiduelle accumule des particules en suspension, formant une zone de maximum de turbidité plus communément appelée « Bouchon vaseux » (voir chap. II. 1). Les copépodes *Acartidae* sont

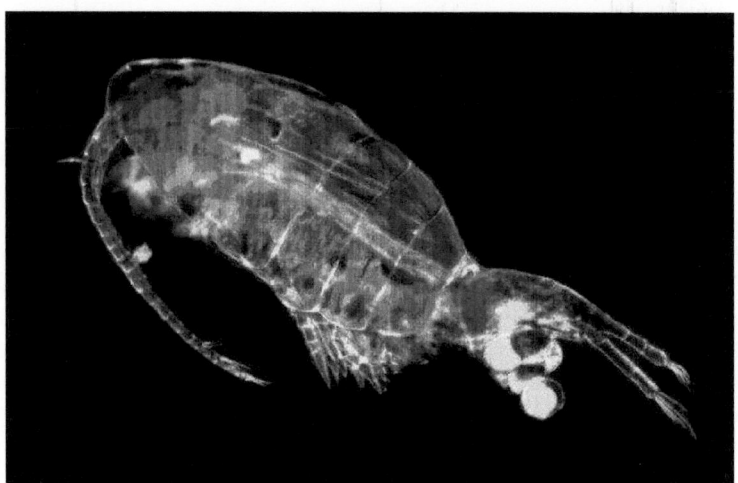

Figure I. 2 : Photographie du copépode estuarien *Eurytemora affinis* (femelle ovigère). Un centimètre représente 135 µm.

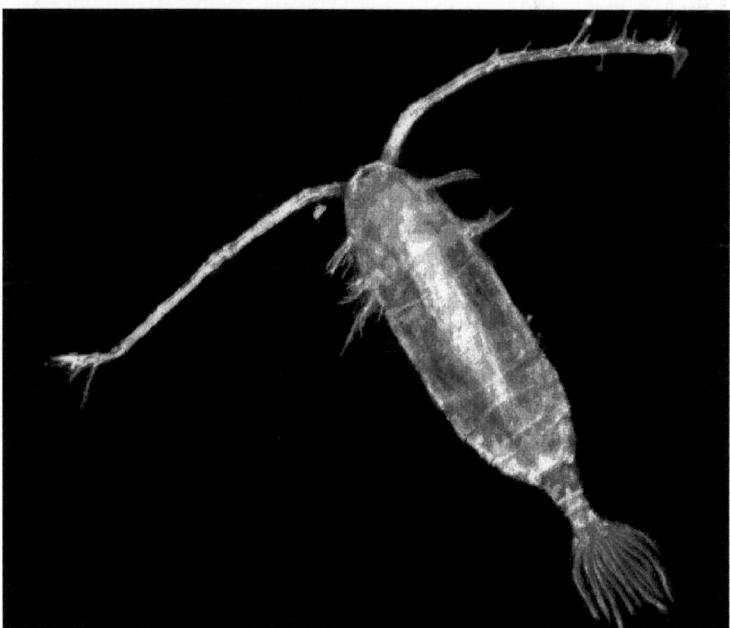

Figure I. 3 : Photographie du copépode estuarien *Acartia bifilosa* (femelle). Un centimètre représente 135 µm.

souvent nettement moins abondants mais sont toujours bien représentés durant la période estivale. Selon les sites, on observe une prépondérance d'*Acartia tonsa* (Baie de Chesapeake aux USA, Escaut aux Pays-Bas et en Belgique) ou d'*Acartia bifilosa* (Gironde en France, Mundaka en Espagne). Leurs centres de distribution se situent généralement en aval de la zone de maximum de turbidité, dans les eaux méso-polyhalines (salinités comprises entre 5 et 30 ‰).

Depuis une trentaine d'années, de très nombreuses recherches ont été entreprises afin de mieux comprendre l'écologie de ces espèces et de préciser leurs rôles dans le fonctionnement des écosystèmes estuariens. Parmi ces différentes recherches, beaucoup concernent *E. affinis*. Certaines se sont, par exemple, intéressées à l'influence de la température sur la croissance ce copépode (Heinle, 1969 ; Vuorinen, 1982 ; Poli et Castel, 1983 ; Escaravage et Soetaert, 1993). D'autres se sont focalisées sur la locomotion et/ou la répartition de cette espèce (Veiga, 1983 ; Castel, 1984 ; Castel et Veiga, 1990). La dynamique des populations d'*E. affinis* a également été décrite à de nombreuses reprises et la production secondaire de ce crustacé a été estimée dans plusieurs estuaires (Burkill et Kendall, 1982 ; Castel et Feurtet, 1989). Les travaux portant sur *A. tonsa* sont également assez abondants. Ils concernent aussi bien sa nutrition (Stearns *et al.*, 1987 ; Turner et Tester, 1989 ; Cervetto *et al.*, 1993) que sa production (Ambler, 1985 ; Beckman et Peterson, 1986 ; Bellantoni et Peterson, 1987). En revanche, les études consacrées à *A. bifilosa* sont assez rares (Ciszewski et Witek, 1977 ; Viitasalo, 1992 a et b ; Irigoien *et al.*, 1993 ; Irigoien et Castel, 1995).

Récemment, des programmes de recherche pluridisciplinaires associant différents laboratoires de la communauté Européenne ont été entrepris (JEEP[*], MATURE[**]) avec pour objectif final l'élaboration d'un modèle d'écosystème estuarien. Aux cours de ces programmes, des domaines aussi variés que l'hydrodynamisme, la géochimie des substances dissoutes et particulaires, la microbiologie et la biologie des différents organismes pélagiques ont été abordés (voir annexe 1). Evaluer le rôle des organismes mésozooplanctoniques dans un écosystème nécessite une connaissance précise de la prédation qu'ils exercent sur les différentes sources de nourriture possibles (phytoplancton, micro- et nanozooplancton, détritus…) ainsi qu'une paramétrisation de cette prédation en fonction des conditions environnementales. Il est alors apparu, qu'en dépit du nombre relativement élevé d'études, l'importance relative des différentes relations trophiques possibles en estuaire demeurait insuffisamment connue. Cette situation est en partie liée au petit nombre d'expériences conduites sur le terrain comparé au nombre de celles effectuées en laboratoire mais aussi à des difficultés méthodologiques spécifiques aux estuaires. La présence de fortes teneurs en

---

[*] Joint European Estuarine Project, Major Biological Processes in European tidal estuaries, 1991 et 1992.
[**] Biogeochemistry of the MAximum TURbidity zone in Estuaries, 1993 et 1994.

matières en suspension (MES) dans ces milieux complique en effet sensiblement la plupart des méthodes classiquement utilisées pour quantifier *in situ* l'ingestion des organismes planctoniques (Tackx *et al.*, 1995). Ainsi, l'ingestion de phytoplancton par les copépodes n'a été que relativement peu mesurée en milieu estuarien (Gulati et Doornekamp, 1991 ; Irigoien *et al.*, 1993) et celles de microzooplancton, de nanozooplancton ou de détritus ne l'ont, à notre connaissance, jamais été dans de telles circonstances.

Des mesures *in situ* de la fécondité[*] de ces copépodes constituent un complément intéressant à des mesures de leur ingestion. En effet, l'intérêt de telles mesures ne s'arrête pas à l'étude de leur reproduction. D'un point de vue bioénergétique (Fig. I. 4), elles donnent également de précieuses indications quant aux besoins nutritionnels des femelles (Kiørboe *et al.*, 1985 ; Park et Landry, 1993). En outre, la fécondité (F, en oeufs.femelle^{-1}.jour^{-1}) peut se traduire en terme d'ingestion (I, en ngC.femelle^{-1}.jour^{-1}) à l'aide de l'équation I=[(F).(Ce)]/[K] (Peterson *et al.*, 1990) avec K correspondant au rendement brut de production d'oeufs (sans dimension) et Ce au contenu en carbone d'un oeuf.

Ainsi, en comparant une à une les ingestions de certaines ressources nutritives potentielles avec l'ingestion globale estimée à partir de la fécondité, il devrait être possible d'évaluer l'importance relative de chacune de ces ressources dans l'alimentation des femelles et de déterminer si ces ressources suffisent à couvrir leurs besoins. Il est entendu que cette approche doit considérer la variabilité des paramètres environnementaux susceptibles de modifier la nature et l'intensité des relations trophiques.

Par rapport à des mesures plus « directes » de l'ingestion dans sa globalité, les avantages des mesures via la fécondité sont multiples. Tout d'abord, elles reflètent l'ingestion de toutes les ressources nutritives y compris les plus inattendues s'il y a lieu. Ce point est particulièrement important dans un contexte où les animaux, souvent qualifiés d'omnivores (Castel, 1981), peuvent ingérer des proies extrêmement variées. De plus, même dans l'hypothèse où toutes les proies potentielles seraient définies, une mesure de fécondité est nettement plus rapide et facile à mettre en oeuvre (en particulier à bord d'un navire) que des mesures distinctes d'ingestion pour chacune des proies, surtout dans les milieux turbides. Enfin, la fécondité est une réponse aux conditions nutritionnelles rencontrée par l'animal sur un laps de temps de seulement quelques jours (voire quelques heures) plutôt que sur une période de quelques semaines (Stearns *et al.*, 1989). Ce délai est généralement suffisamment court pour que les conditions environnementales correspondantes puissent être correctement évaluées à partir de mesures ponctuelles. Toutefois, ce dernier point n'est valable que dans

---

[*] Le terme de **fécondité** correspond ici, ainsi que tout au long de ce travail, au **nombre d'oeufs** produits par femelle et par unité de temps alors que le terme de **production d'oeufs** sera utilisé pour qualifier **la quantité de matière** (poids en carbone) investie dans les oeufs par femelle et par unité de temps.

l'hypothèse où les femelles n'accumulent pas de réserves énergétiques significatives. S'il semble que cela soit le cas des copépodes estuariens envisagés ici, il n'en va pas de même avec d'autres espèces telles que *Calanus glacialis* qui se montre ainsi capable de différer sa fécondité par rapport à la disponibilité des ressources nutritives (Hirche et Kattner, 1993).

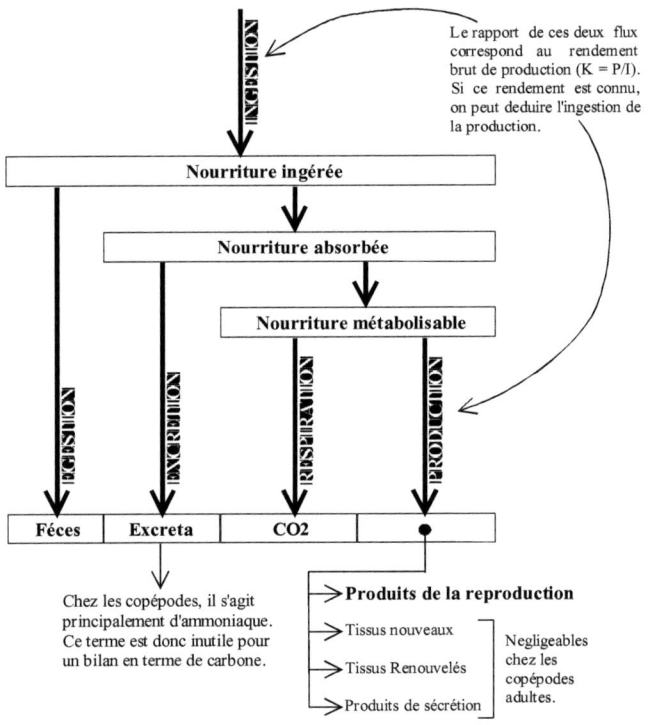

Figure I. 4 : Représentation schématique de la partition de la nourriture au cours du métabolisme, incluant quelques considérations spécifiques aux copépodes adultes. D'après Lucas (1993).

Selon de nombreux auteurs, les applications de l'étude de la fécondité ne s'arrêtent pas à la seule estimation de l'ingestion des femelles. La fécondité pourrait en effet être utilisée comme un estimateur de la production secondaire de toute la population, dans la mesure où l'énergie investie dans les oeufs par les femelles équivaudrait à l'énergie investie en croissance par les stades juvéniles (Sekigushi *et al.*, 1980 ; Mc Laren et Corkett, 1981 ; Berggreen *et al.*, 1988 ; Hirche *et al.*, 1991 ; Hirche, 1992). Si cette hypothèse se vérifiait pour les espèces estuariennes étudiées, les résultats obtenus avec les femelles pourraient être, au moins en partie, généralisés à l'ensemble de la population sans qu'il soit forcement nécessaire de recourir à de nouvelles expérimentations.

Le nombre de travaux déjà réalisés sur la fécondité d'*A. tonsa* est particulièrement important (Durbin *et al.,* 1983 ; Ambler, 1985 ; Kiørboe *et al.,* 1985; Sullivan et Ritacco, 1985; Beckman et Peterson, 1986; White et Roman, 1992 ; Jónasdóttir, 1994). Cette abondance de travaux tient en partie au fait que cette espèce colonise non seulement les milieux estuariens mais aussi un grand nombre de milieux côtiers. *A. tonsa* n'a donc pas fait l'objet d'investigation supplémentaires dans le présent travail.

Dans une moindre mesure, les travaux portant sur la fécondité d'*E. affinis* sont également assez nombreux. Cependant, la plupart reposent sur des expériences de laboratoire (Heinle *et al.*, 1977 ; Escaravage et Soetaert, 1993 ; Ban, 1994) ou sur des estimations à partir du nombre d'oeufs que portent les femelles (Feurtet, 1989 ; Hirche, 1992). Les femelles de cette espèce portent en effet leurs oeufs dans un sac unique placé sous l'urosome. Cette particularité, assez peu répandue chez les copépodes calanoïdes, peut être utilisée pour estimer la fécondité à condition toutefois de connaître le taux d'éclosion ainsi que le taux de perte avant éclosion (Fig. I. 5). Le taux d'éclosion est généralement estimé à partir de la température mesurée *in situ* et de résultats obtenus en laboratoire tels que ceux de Mc Laren *et al.* (1969) ou d'Heinle et Flemer (1975). Le taux de perte est généralement supposé négligeable. Ainsi, cette méthode laisse subsister des incertitudes quant à la fécondité *in situ* au sens strict. *E. Affinis* a donc fait l'objet d'investigations supplémentaires, d'autant plus que son comportement reproducteur présente une particularité qui pourrait distinguer cette espèce de celles ne portant pas leurs oeufs (Kiørboe et Sabatini, 1994).

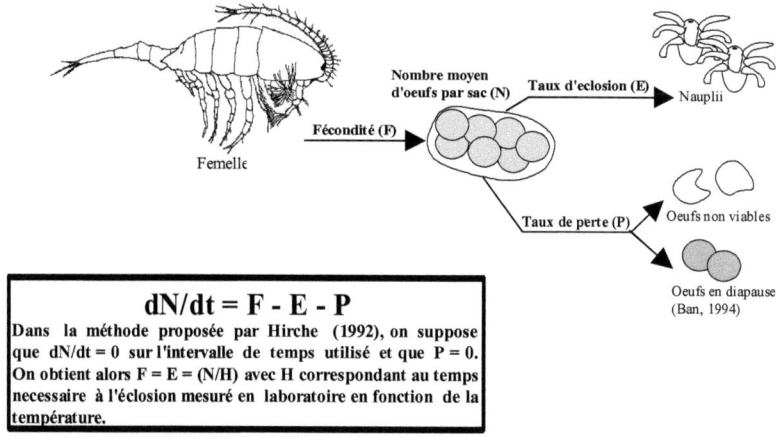

$$dN/dt = F - E - P$$

Dans la méthode proposée par Hirche (1992), on suppose que $dN/dt = 0$ sur l'intervalle de temps utilisé et que $P = 0$. On obtient alors $F = E = (N/H)$ avec H correspondant au temps necessaire à l'éclosion mesuré en laboratoire en fonction de la température.

Figure I. 5 : Principe de l'évaluation de la fécondité à partir du nombre moyen d'oeufs portés par les femelles.

Enfin, à notre connaissance il n'existe aucun travail consacré à l'étude de la fécondité d'*A. bifilosa*. Bien que cette espèce soit proche, au moins du point de vue systématique, d'*A. tonsa*, une étude spécifique s'est donc imposée.

Sur la base de l'ensemble des éléments évoqués précédemment, la présente étude s'est finalement articulée autour de trois objectifs :
- **Quantifier la fécondité *in situ* d'*E. affinis* et d'*A. bifilosa* en précisant l'influence des principaux facteurs environnementaux,**
- **Comparer la production d'oeufs à l'ingestion de différentes ressources nutritives potentielles afin d'estimer si ces dernières sont suffisantes ou si d'autres ressources s'avèrent nécessaires,**
- **Evaluer dans quelle mesure les résultats obtenus avec les femelles sont transposables à la population, en comparant la production d'oeufs à la production somatique des copépodites et des *nauplii*.**

La plus grande partie des travaux ont été réalisés dans l'estuaire de la Gironde (Sud-ouest de la France) où les deux espèces sont bien représentées. Des travaux complémentaires ont également été réalisés dans les estuaires de l'Elbe (Nord de l'Allemagne) et de l'Escaut occidental (Sud-ouest des Pays-Bas) pour *E. affinis* ainsi que dans l'estuaire de Mundaka (Pays Basque Espagnol) pour *A. bifilosa*. Sauf indications contraires, tous les résultats ont été obtenus par l'auteur.

II. Description des estuaires étudiés

Selon Pritchard (1967), « Un estuaire est un système défini par une masse d'eau côtière semi-fermée, reliée librement à l'eau de mer et dans lequel l'eau de mer est mélangée à une quantité mesurable d'eau douce provenant du drainage continental ». De ce mélange résulte une forte variabilité dans le temps et dans l'espace des différents paramètres physico-chimiques. Ainsi, les populations animales et végétales des écosystèmes estuariens sont souvent considérés comme physiquement contrôlés, les compétitions interspécifiques ne jouant qu'un rôle secondaire. A la variabilité naturelle, il faut ajouter une anthropisation parfois importante. Elle peut prendre la forme d'apports en métaux lourds, en nutriments ou en matières organiques dissoutes et particulaires. Elle peut également s'exprimer sous la forme de pollutions thermiques (centrales électriques) ou microbiologiques (rejets d'égouts). Outre la variabilité intrinsèque d'un estuaire donné, il existe également une variabilité inter-estuarienne. Un paramètre particulier peut en effet s'exprimer sur des échelles spatiales et temporelles complètement différentes selon le site considéré. Il est donc indispensable de bien cerner les principales caractéristiques des différents milieux qui seront abordés avant d'examiner la biologie des organismes qui s'y développent.

II. 1) Considérations générales

Une grande partie des caractéristiques d'un estuaire sont liées à l'antagonisme permanent entre deux actions hydrauliques d'origines distinctes : la marée et le débit fluvial. En fonction de l'importance relative de ces deux forces, la marée dynamique[*] et la marée saline peuvent pénétrer plus ou moins profondément dans un estuaire. De même, l'intrusion saline peut prendre différentes formes (Encadré II. 1) depuis celle d'une stratification totale jusqu'à celle d'un simple gradient longitudinal sans aucune stratification, si les courants induisent un mélange suffisamment intense.

La température varie également en fonction du degré de mélange des eaux continentales et marines. Les eaux fluviales ont en effet tendance à être plus froides que les eaux marines en hiver et plus chaudes en été.

Mais la conséquence la plus remarquable de l'antagonisme entre la marée et le débit fluvial tient à la formation, très fréquente dans les estuaires de grande taille, d'une zone de maximum de turbidité également appelée « Bouchon vaseux ». Les courants résiduels qui résultent de l'opposition entre les eaux douces et marines convergent en effet vers un point nodal (Fig. II. 1) situé à l'extrémité du coin salé (Harleman et Ippen, 1969). Ils y concentrent les particules en suspension et forment ainsi une masse turbide qui migre en fonction de l'importance du débit

---

[*] Plus on s'éloigne de l'embouchure d'un estuaire, plus le marnage s'atténue et plus l'onde de marée se déforme en faveur du jusant. La limite amont de la marée dynamique correspond à un marnage nul et à la disparition du flot. Elle se situe en amont de la marée saline.

- Description des estuaires étudiés -

> **Encadré II. 1 : Classification des estuaires selon Pritchard (1955).**
>
> Selon Pritchard (1955), quatre types d'estuaires peuvent être distingués (Fig. a).
>
> Les estuaires de **type A** *(estuaires sans mélanges ou estuaires complètement stratifiés)* sont caractérisés par un flux d'eau douce dominant, de faibles courants de marée et un rapport profondeur / largeur élevé. Les eaux salées pénètrent sous les eaux douces de surface sur une distance dépendant de l'importance du débit fluvial. Les eaux salées ne se mélangent que très modérément aux eaux douces, essentiellement par advection.
>
> Les estuaires de **type B** *(estuaires à coin salé)* sont caractérisés par des courants de marée plus importants, parfois couplés à des débits fluviaux plus faibles que dans les estuaires de type A. Ces caractéristiques se traduisent par de légers mélanges verticaux qui limitent la formation de couches parfaitement distinctes mais une stratification existe toujours. Les mélanges longitudinaux restent, quant à eux, très limités.
>
> Les estuaires de **type C** *(estuaires partiellement mélangés)* sont caractérisés par un rapport profondeur / largeur plus faible que celui des estuaires précédents et par des courants de marée plus importants. Ces courants limitent considérablement la stratification verticale et entraînent l'apparition d'un gradient longitudinal.
>
> Les estuaires de **type D** *(estuaires bien mélangés, estuaires verticalement homogènes)* sont assez proches des estuaires de type C mais les courants y sont encore plus importants et les mélanges encore plus intenses. Il n'y a aucune stratification verticale et les mélanges entre eaux douces et marines ne se traduisent que par un gradient longitudinal.
>
>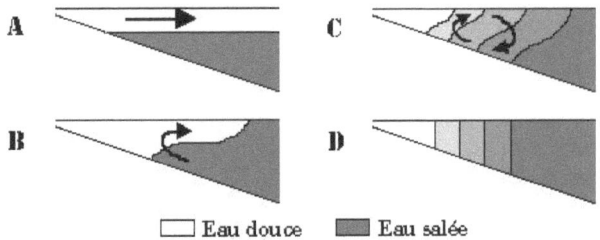
>
> **Figure a :** Structure schématique des principaux types d'estuaires. A : estuaire sans mélanges. B : Estuaire à coin salé. C : Estuaire partiellement mélangé. D : Estuaire verticalement homogène. (d'après Pritchard, 1955).

fluvial et du rythme des marées (Fig. II. 2). Cette masse, qui représente parfois plusieurs millions de tonnes de sédiments, est expulsée vers le plateau continental en période de crue et par forts coefficients de marée.

Dans beaucoup d'estuaires, cette accumulation de matières en suspension est responsable d'une demande oxydative élevée, liée à la minéralisation de la matière organique. Ainsi, les eaux estuariennes sont souvent sous-saturées en oxygène, même en surface. Cette sous-saturation s'accentue lorsque les débits s'affaiblissent car le brassage permettant la réaération atmosphérique et le mélange avec les eaux mieux oxygénées d'origine marine ou fluviale sont alors nettement moins importants. Elle s'accentue également lorsque des polluants organiques issus de l'activité humaine s'ajoutent aux matières organiques naturelles. Ainsi, il arrive parfois que l'oxygène dissous soit totalement épuisé.

Des mécanismes anaérobies, utilisant les nitrates ou les sulfates comme oxydants, se mettent alors en place (Fig. II. 3) et aboutissent à la formation d'azote gazeux ou d'hydrogène sulfuré.

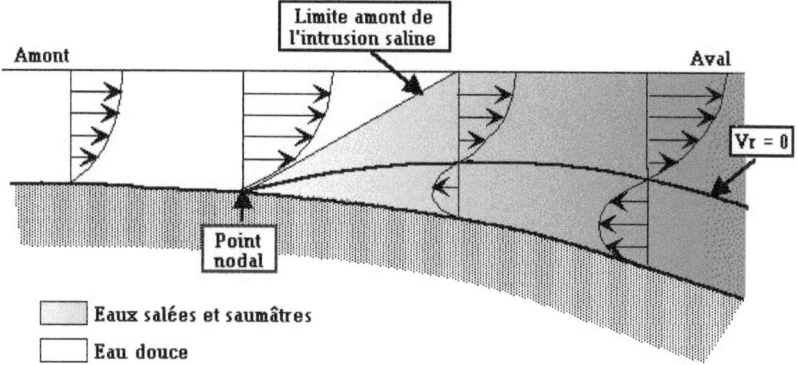

Figure II. 1 : Répartition schématique des vitesses résiduelles (Vr) dans un estuaire idéal. D'après Allen (1972).

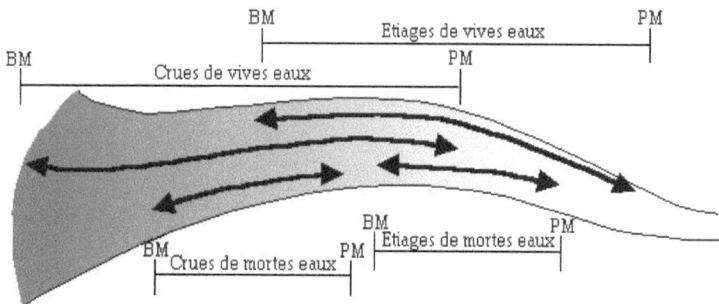

Figure II. 2 : Déplacements du bouchon vaseux d'un estuaire hypothétique en fonction de la marée et du débit fluvial.

Les éléments nutritifs dissous sont d'ailleurs toujours présents dans les estuaires à des concentrations supérieures à celles rencontrées en mer ouverte ou en zone fluviale. Ces concentrations diminuent généralement depuis l'amont vers l'aval en relation avec la dilution par les eaux marines. Cependant, elles suivent parfois des évolutions plus complexes liées non seulement aux activités biologiques mais aussi à des phénomènes de solvatation et de désorption.

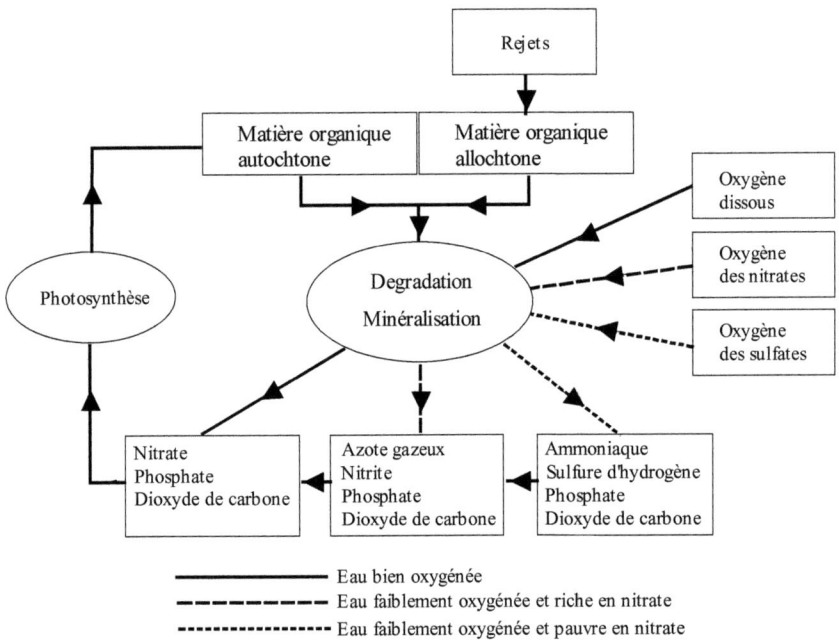

Figure II. 3 : Schéma de l'utilisation de l'oxygène en fonction du degré d'oxygénation dans un estuaire.

II. 2) L'estuaire de la Gironde

Particularités

Parmi les estuaires des côtes européennes, la Gironde (Fig. II. 4) constitue l'exemple type d'estuaire macrotidal à forte turbidité. Il est formé de la confluence de la Dordogne et de la Garonne qui drainent un bassin versant de 71.000 km^2. L'embouchure se situe à une distance de 76 km du point de rencontre des deux rivières et l'estuaire, qualifié de plus grand estuaire de France, couvre une superficie de 625 km^2 à marée haute.

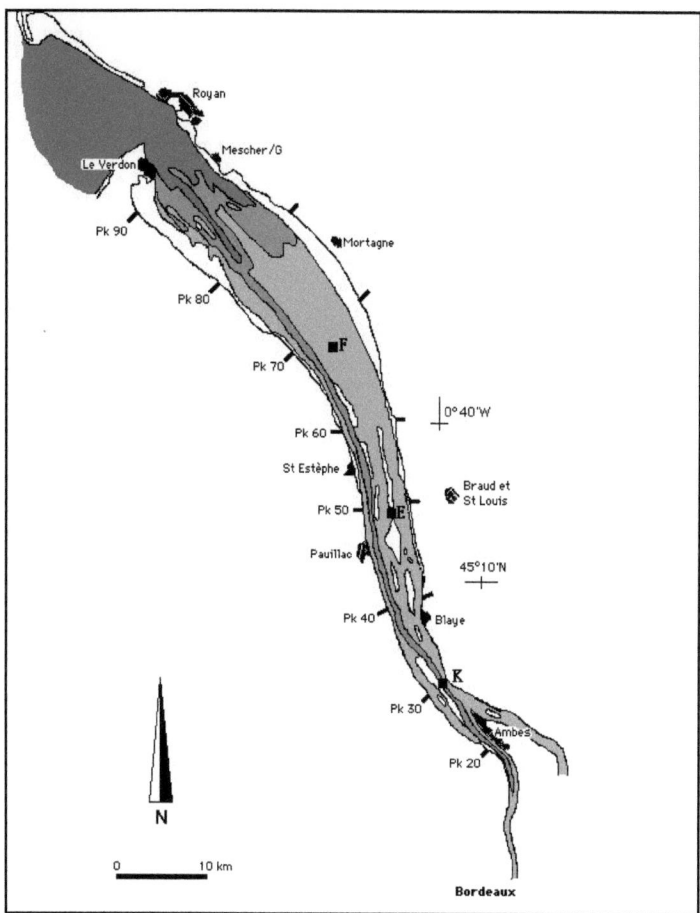

Figure II. 4 : Carte de l'estuaire de la Gironde. Les points kilométriques (Pk) indiquent les distances de la ville de Bordeaux (Pont de pierre). Les lettres K, E et F indiquent les principales stations d'échantillonnage.

Débits liquides

Avec un marnage pouvant atteindre 5m au niveau de l'embouchure, le volume d'eau oscillant est de l'ordre de 1,1.10^9 m^3 en mortes eaux et de 2.10^9 m^3 en vives eaux. Il s'oppose à des débits fluviaux de l'ordre de 800 à 1000 m^3.s^{-1} en moyenne. D'un point de vue saisonnier, on distingue une période de crue (janvier-février) avec des débits compris entre 1000 et 2000 m^3.s^{-1} et une période d'étiage (août-septembre) avec des débits de l'ordre de 200 à 300 m^3.s^{-1}. Le temps moyen de résidence des eaux varie entre 20 et 90 jours (Castaing et Jouaneau, 1979) et les vitesses de courant, très variables, peuvent atteindre 3 m.s^{-1}.

Température

La température présente un minimum hivernal d'environ 6°C et un maximum estival d'environ 25°C. La différence de température entre les eaux fluviales et marines est à l'origine d'un gradient longitudinal dont l'amplitude maximale est de l'ordre de 3°C. Les variations verticales sont très faibles, sauf à l'embouchure où les eaux de fond (néritiques) se différencient des eaux de surface (estuariennes). Il faut ajouter que la présence d'une centrale nucléaire au niveau de l'estuaire moyen (Pk 52) peut provoquer une élévation localisée de la température de l'ordre de 3°C.

Salinité

Dans la Gironde, le gradient longitudinal de salinité est surtout déterminé par le débit fluvial, les cycles et les coefficients de marée intervenant relativement peu (Etcheber *et al.*, 1977 ; Tesson-Gillet, 1980). A un point donné, les maxima de salinité sont obtenus durant les mois d'étiage tandis que les minima sont observés en périodes de crue. La limite de l'intrusion saline (isohaline 0,5 ‰), située vers le Pk 20 en étiage, est alors repoussée en aval du Pk 40 (Allen, 1972).

Outre ce gradient longitudinal, un gradient vertical peut apparaître vers l'embouchure ou plus profondément dans l'estuaire à l'occasion de forts débits et de faibles coefficients de marée (surtout au niveau du chenal de navigation). Cependant, la stratification est souvent peu marquée et d'après la classification de Pritchard (1955), on peut qualifier la Gironde d'estuaire « partiellement mélangé ».

- Description des estuaires étudiés -

Matières en suspension

La Gironde est, avec la Loire (France) et l'Ems (Pays-Bas), l'un des estuaire les plus turbides d'Europe. Les concentrations en matières en suspension (MES) responsables de cette turbidité (Fig. II. 5) dépassent fréquemment 400 mg.l^{-1} en surface et 10 g.l^{-1} est une valeur courante à proximité du fond. De telles valeurs limitent considérablement la pénétration lumineuse et, en conséquence, la production phytoplanctonique (Irigoien, 1994).

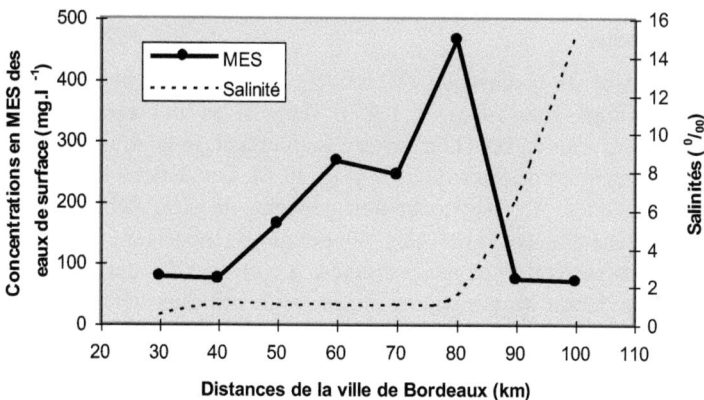

Figure II. 5 : Exemple de répartition longitudinale des concentrations en MES de l'estuaire de la Gironde. Transect réalisé le 15 avril 1994, en période de forts débits.

Les MES sont majoritairement composées d'argiles (Castaing *et al.*, 1984). Entre 40 et 65% des particules ont une taille inférieure à 2 µm et le pourcentage restant correspond essentiellement à des silts (2 - 63 µm). Le total représente un stock de 4 à 5.10^6 tonnes de sédiments, alimenté chaque année par 1,5 à 3,5.10^6 tonnes de particules nouvelles issues de l'érosion du bassin versant (Migniot, 1971 ; Jouanneau, 1982). Les conditions nécessaires à leur expulsion vers l'océan ne sont réunies qu'une trentaine de jours par an. Ainsi, le temps de résidence moyen des particules dans l'estuaire est de l'ordre d'une année.

Dans la partie médiane de l'estuaire, le pourcentage de carbone organique de ces particules est de 1,5% et se révèle particulièrement stable. Seuls les pourcentages observés à proximité de l'embouchure ou de la partie purement fluviale se montrent sensiblement plus variables. Selon Fontugne et Jouanneau (1987), ce carbone organique particulaire (COP) est essentiellement d'origine terrestre (100 à 60% du COP total depuis l'amont vers l'aval de l'estuaire). Une grande partie de la matière organique provenant des rivières étant minéralisée avant d'entrer dans l'estuaire moyen (Lin, 1988), le COP de l'estuaire se trouve essentiellement sous la forme de composés réfractaires et la fraction labile ne dépasse guère 15% (Etcheber, 1983).

Le rapport Carbone organique / Azote organique des particules est également très stable. Avec une valeur de 16 (Romaña, 1982), il est très proche de celui de l'humus des sols dont la valeur est de 18 (Meybeck, 1982). Cette similitude accrédite l'origine terrestre d'une grande partie de la matière organique dans l'estuaire ainsi que sa nature réfractaire.

Oxygène dissous

L'estuaire de la Gironde est souvent considéré comme un milieu bien oxygéné (Philipps, 1980 ; Descas, 1982). Même si les concentrations en oxygène diminuent au niveau du bouchon vaseux, le pourcentage de saturation ne descend que très rarement en dessous de 70% (Fig. II. 6). Les déficits les plus faibles au cours d'une année, correspondent aux périodes de forts débits. Ces périodes coïncident généralement avec des températures modérées favorables à des concentrations élevées en oxygène dissous. A l'inverse, les déficits les plus forts sont observés durant les périodes d'étiage. Mais ces eaux déficitaires sont alors repoussées en amont de l'estuaire géographique où la pénétration des eaux marines maintient des concentrations relativement élevées.

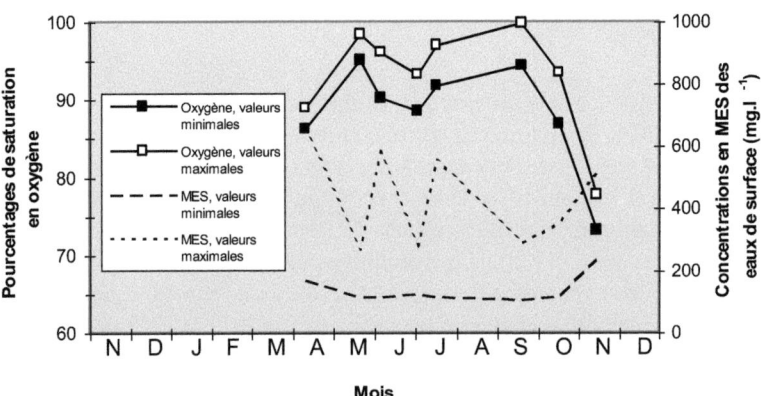

Figure II. 6 : Evolutions des teneurs en oxygène dissous et des concentrations en MES dans la partie moyenne de l'estuaire de la Gironde (Pk 52), au cours de l'année 1995. Les valeurs minimales et maximales enregistrées au cours d'un cycle de marée sont indiquées séparément.

- Description des estuaires étudiés -

Sels nutritifs dissous

Dans l'estuaire de la Gironde, les nitrates sont à des concentrations souvent supérieures à 100 $\mu M.l^{-1}$ dans la partie médiane de l'estuaire. Ils représentent à eux seul environ 90% de l'azote minéral. Les silicates dépassent généralement 70 $\mu M.l^{-1}$. Quant aux phosphates, des valeurs comprises entre 2 et 4 $\mu M.l^{-1}$ ne sont pas rares.

Ainsi, si l'on se réfère aux valeurs proposées par Van Spaendonk *et al.* (1993), il apparaît que les nutriments ne peuvent pas être considérés comme un facteur limitant pour la production primaire.

Cependant, compte tenu de la forte turbidité des eaux, la production phytoplanctonique de la Gironde est très faible voire inexistante (Irigoien, 1994). Il en résulte une absence quasi-totale de consommation des sels nutritifs. D'ailleurs, les concentrations en nutriments en fonction de la salinité suivent clairement une droite de dilution des eaux douces par les eaux marines (Fig. II. 7) et ne traduisent aucune activité biologique particulière.

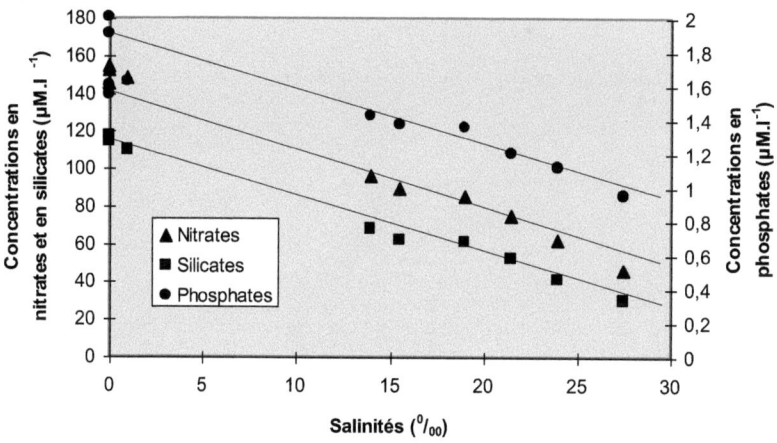

Figure II. 7 : Concentrations en sels nutritifs dissous en fonction de la salinité au cours d'un transect longitudinal effectué en avril 1994 dans l'estuaire de la Gironde. Données fournies par U.H. Brockmann, Institut de biogéochimie et de chimie marine, université de Hambourg.

II. 3) L'estuaire de l'Elbe

Particularités

L'estuaire de l'Elbe, au nord de l'Allemagne, se situe entre la ville d'Hambourg et la mer du nord (Fig. II. 8). Depuis 1960, l'influence de la marée dynamique est limitée en amont par un barrage au niveau de la ville de Geesthacht, à environ 140 km de l'embouchure. Ce barrage constitue donc une frontière nette entre l'estuaire et le domaine purement fluvial. Le fleuve Elbe mesure 1143 km au total et draine ainsi une grande partie de l'est de l'Allemagne et de la République Tchèque. C'est à partir de son entrée sur le territoire allemand que sont comptées les distances sur l'estuaire. Depuis plusieurs siècles, cet estuaire fait l'objet d'aménagements visant à améliorer les transports maritimes en liaison avec l'intense activité du port de Hambourg. On compte donc un grand nombre de canaux latéraux, de nombreuses digues et des aménagements divers qui modifient sensiblement les écoulements naturels.

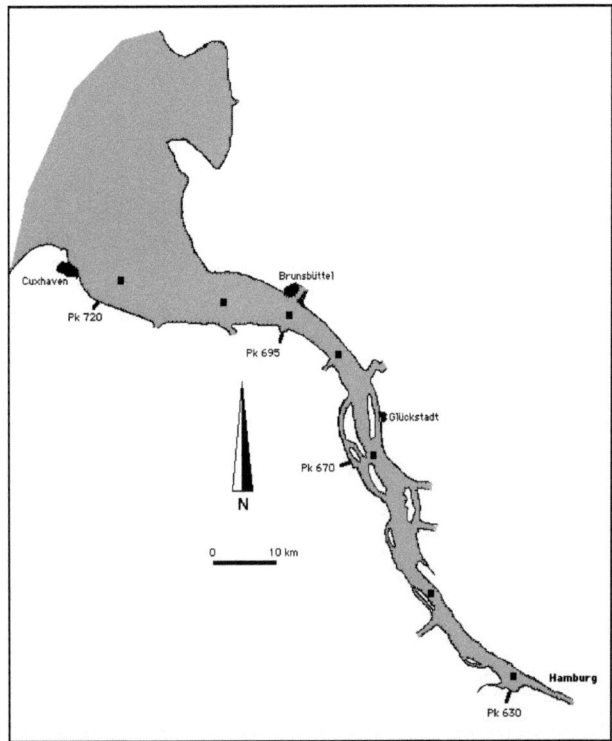

Figure II. 8: Carte de l'estuaire de l'Elbe. Les points kilométriques (Pk) indiquent la distance de l'entrée du fleuve sur le territoire allemand. Les points indiquent les stations d'échantillonnage.

Débits liquides

Avec un marnage d'environ 3 m au niveau de la ville de Brünsbuttel (Pk 695), on peut estimer le volume d'eau oscillant entre 0,5 et 1,5.10^9 m^3 en fonction du coefficient de marée. Les débits fluviaux sont de 1100 m^3.s^{-1} en moyenne sur une année (Arge Elbe, 1984) et varient de 200 m^3.s^{-1} en période d'étiage (août - septembre) à 3000 m^3.s^{-1} en période de crue (mars - avril). Le barrage situé en amont de l'estuaire est responsable d'une absence de corrélation directe entre les débits et les précipitations.

Le temps de résidence des eaux dans l'estuaire est généralement assez court. Il se situe entre 5 et 22 jours (12 jours pour un débit de 1100 m^3.s^{-1}). Les courants peuvent parfois atteindre la vitesse de 2,3 m.s^{-1} (Siefert, 1970).

Température

Parmi les différents estuaires étudiés, celui de l'Elbe a la latitude la plus élevée (53°5'N). Il présente donc les températures les plus faibles (en général 5 à 6°C plus froid que la Gironde). Elles s'échelonnent entre 1°C en février et 20°C en août avec un gradient longitudinal d'une amplitude de 1 à 2°C surtout visible en hiver et en été. Les températures en surface et au fond sont quasiment identiques sur l'ensemble de l'estuaire, une légère différence pouvant toutefois apparaître occasionnellement à proximité de l'embouchure.

Salinité

Dans des conditions moyennes de débit et de marée, la limite de l'intrusion saline se situe aux alentours de la ville de Glückstadt (Pk 670). Cependant, à l'occasion de forts débits, l'intrusion saline n'atteint parfois que la ville de Brünsbuttel (Nöthlich, 1972). Une stratification verticale n'apparaît que très rarement et, selon la classification de Pritchard (1955), l'estuaire de l'Elbe peut être qualifié de « bien mélangé ».

Matières en suspension

L'estuaire de l'Elbe présente une zone de maximum de turbidité bien différenciée (Fig. II. 9), d'une longueur de 20 à 30 km en moyenne (Kühl et Mann, 1968). Cette zone oscille depuis Glückstadt (Pk 670) jusqu'à Cuxhaven (Pk 725) autour d'un point moyen généralement situé au niveau de Brünsbuttel (pK 695). Au cours d'une année, les concentrations en MES de cette zone varient entre 80 et 300 mg.l^{-1} en surface (Peitsch, 1992) tandis qu'au fond, des valeurs de l'ordre de 700 mg.l^{-1} peuvent être rencontrées lors d'une remise en suspension du sédiment.

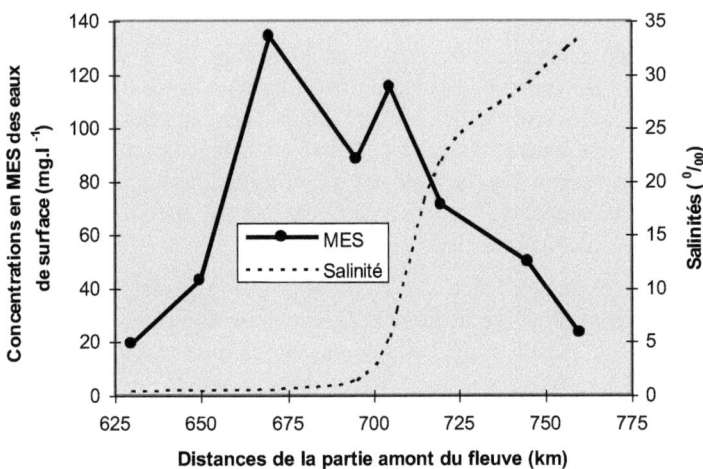

Figure II. 9 : Exemple de répartition longitudinale des concentrations en MES de l'estuaire de l'Elbe. Transect réalisé le 21 avril 1993.

Comparées à celles de l'estuaire de la Gironde, les données sur la nature et la composition des MES de l'Elbe sont nettement moins abondantes. On peut cependant noter que le pourcentage de matières organiques (environ 6% au niveau du bouchon vaseux), décroît depuis l'amont vers l'aval de l'estuaire, traduisant une reminéralisation permanente (Brockmann *et al.*, 1995). Par ailleurs, la fraction labile de la matière organique particulaire, comprise entre 20 et 35% (Burdloff, 1993), s'avère nettement plus élevé que dans la Gironde.

Oxygène dissous

En liaison avec l'important brassage des eaux, l'Elbe peut être considéré comme un estuaire bien oxygéné. Les eaux marines et fluviales sont souvent proches de la saturation, mais un déficit peut toutefois apparaître légèrement en amont du maximum de turbidité (Fig. II. 10). Ce déficit semble essentiellement lié à des phénomènes de nitrification (Brockmann *et al.*, 1995) qui sont d'importants consommateurs d'oxygène. Par ailleurs, selon Irigoien (1994), l'activité photosynthétique joue également un rôle dans l'oxygénation de cet estuaire. Elle se traduit par des concentrations en oxygène légèrement plus élevée le jour que la nuit.

- Description des estuaires étudiés -

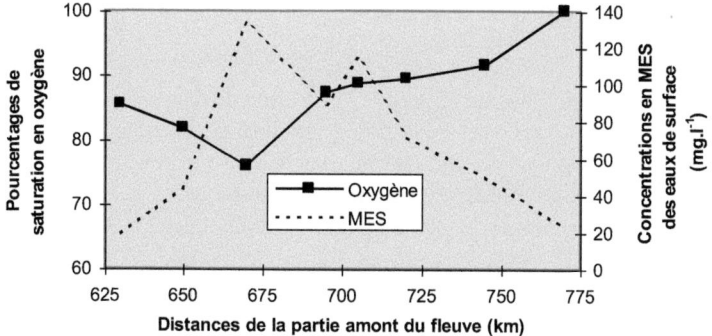

Figure II. 10 : Exemple de répartition longitudinale des teneurs en oxygène dissous et des concentrations en MES de l'estuaire de l'Elbe. Transect réalisé le 21 avril 1993.

Sels nutritifs dissous

Les concentrations en nitrates, généralement déjà élevées au niveau de la ville de Hambourg (100 à 400 $\mu M.l^{-1}$) augmentent encore vers l'aval jusqu'au niveau du maximum de turbidité où elles peuvent atteindre 300 à 500 $\mu M.l^{-1}$. Ce n'est qu'ensuite que les concentrations en nitrate décroissent en fonction de la dilution par les eaux marines (Fig. II. 11). L'augmentation de la concentration en nitrate dans la zone la plus turbide semble liée aux phénomènes de nitrification également responsables du déficit en oxygène cité plus haut.

Les phosphates et les silicates présentent aussi des valeurs maximales au niveau du bouchon vaseux. Cette observation résulte probablement de processus de minéralisation de la matière organique particulaire.

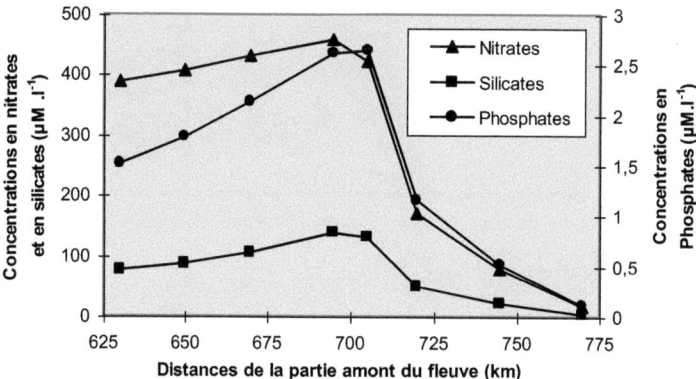

Figure II. 11 : Exemple de répartition longitudinale des concentrations en sels nutritifs dissous de l'estuaire de l'Elbe. Transect réalisé le 21 avril 1993. Données fournies par U.H. Brockmann, Institut de biogéochimie et de chimie marine, Université de Hambourg.

II.4) L'estuaire de l'Escaut

Particularités

L'estuaire de l'Escaut (Fig. II. 12) est situé de part et d'autre de la frontière qui sépare le sud-ouest des Pays-Bas et le nord de la Belgique. Il s'agit d'un estuaire sinueux qui appartient à la zone en delta où se jettent également le Rhin et la Meuse. La limite amont de la marée dynamique est à environ 105 km de l'embouchure, au niveau de la ville de Gent (Belgique). Au total, le fleuve mesure environ 370 km. Il prend sa source en France (St Quentin) et draine environ 19.500 km^2 qui couvrent essentiellement la Belgique. La principale particularité de cet estuaire est un taux de pollution élevé dont l'origine est à la fois agricole et industrielle et qui se traduit par une hypoxie très prononcée au niveau de la ville d'Anvers.

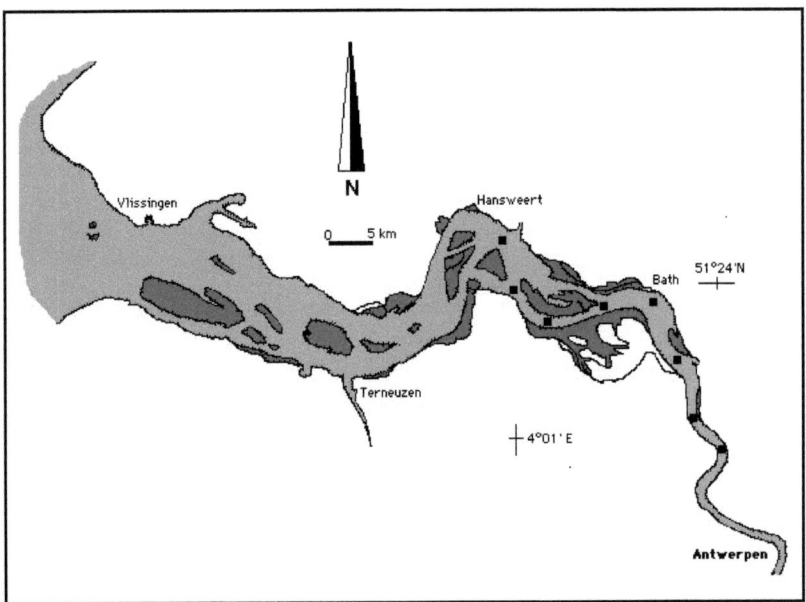

Figure II. 12 : Carte de l'estuaire de l'Escaut occidental. Les points indiquent les stations d'échantillonnage.

Débits liquides

Dans des conditions de marée moyenne, le volume d'eau oscillant est d'environ $1,0.10^9$ m^3. Il s'oppose à un débit modéré de 105 m^3.s^{-1} en moyenne. Ce dernier peut descendre aux environs de 60 m^3.s^{-1} en période d'étiage (août et septembre) et se situe entre 200 et 600 m^3.s^{-1} en période de crue (février à avril). L'influence marine est donc assez marquée dans cet estuaire.

En relation avec les faibles débits, le temps de résidence des eaux est d'environ 75 jours (Heip, 1989), ce qui est relativement important compte tenu des dimensions de l'estuaire.

Température

En dépit de la latitude relativement élevée (51°21'N) de cet estuaire, les températures minimales, entre 6 et 7°C en hiver, y sont comparables à celles de la Gironde alors que les températures maximales, aux alentours de 20°C, y sont au contraire proches de celles de l'Elbe. Cette amplitude saisonnière assez faible n'est pas seulement due à l'effet tampon des eaux marines. Les activités industrielles (et en particulier les installations nucléaires de Doel) sont également en partie responsables de la relative douceur hivernale des eaux. Cette observation est d'ailleurs corroborée par l'amplitude du gradient longitudinal qui est nettement plus marqué que dans les estuaires précédents (parfois plus de 4°C). Par ailleurs, un gradient vertical modéré peut parfois apparaître dans la partie aval de l'estuaire alors que les températures sont très homogènes entre la surface et le fond dans la partie amont (Heip, 1989).

Salinité

L'intrusion saline pénètre profondément dans l'estuaire, sur un peu plus de 80 km et donc au delà de la ville d'Anvers. C'est généralement entre Hansweert et Anvers que la salinité décroît le plus rapidement. Cette décroissance est d'ailleurs moins abrupte que dans la Gironde ou dans l'Elbe, au profit de la zone mésohaline qui s'étend ainsi sur plus de 35 km. Les zones de salinité sont relativement stables et se maintiennent plus ou moins aux mêmes positions au cours d'un cycle de marée (Heip, 1989).

Bien qu'une stratification puisse apparaître dans la moitié aval de l'estuaire, elle n'est pas systématique et l'estuaire de l'Escaut est souvent considéré comme « bien mélangé ».

Matières en suspension

Le bouchon vaseux de l'estuaire de l'Escaut s'étend sur une quinzaine de km en moyenne et se situe dans la zone oligohaline, généralement à proximité de la ville d'Anvers (Fig. II. 13). Les concentrations en MES associées sont souvent relativement faible en surface (entre 50 et 120 $mg.l^{-1}$) et ne dépassent que très occasionnellement 300 $mg.l^{-1}$ au fond.

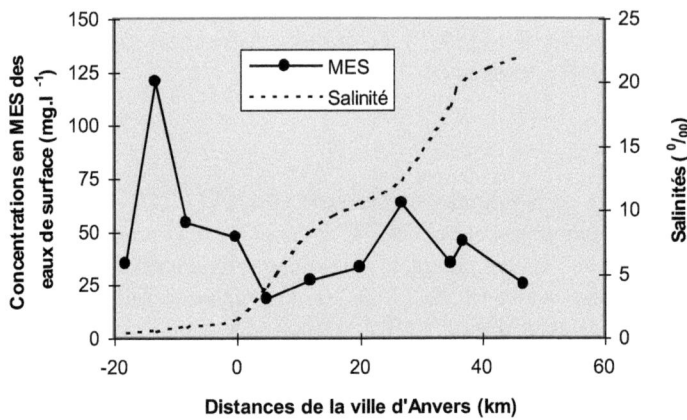

Figure II. 13 : Exemple de répartition longitudinale des concentrations en MES de l'estuaire de l'Escaut. Transect réalisé le 4 mai 1993.

D'après Van Maldegem (1991), ce sont 400.000 tonnes de sédiments d'origine terrestre (dont 150.000 atteignent la mer du nord) ainsi que 200.000 tonnes de sédiments d'origine marine qui sont importées chaque année dans l'estuaire. Ces particules sédimentent pour la plupart dans la partie moyenne de l'estuaire (environ 350.000 tonnes par an) après avoir contribué à la turbidité des eaux.

Les matières en suspension de l'Escaut sont en grande partie composées d'argiles dont la taille n'excède pas 20 µm. Elles comprennent également entre 8 et 10 % de matières organiques. Au niveau du maximum de turbidité, la fraction labile de ces matières organiques est de l'ordre de 30 % (Burdloff, 1993). Elle est donc supérieure en moyenne à celles des estuaires précédents.

Oxygène dissous

Depuis la ville de Gent jusqu'à Anvers, les eaux de l'Escaut sont en général très faiblement oxygénées (Fig. II. 14). Cette hypoxie chronique est liée aux importantes charges en matières organiques, aux faibles taux de renouvellement des eaux et à l'intense activité hétérotrophe bactérienne qui en résulte. En l'absence d'oxygène, la réduction des nitrates puis celle des sulfates deviennent des processus dominants dans cette partie de l'estuaire.

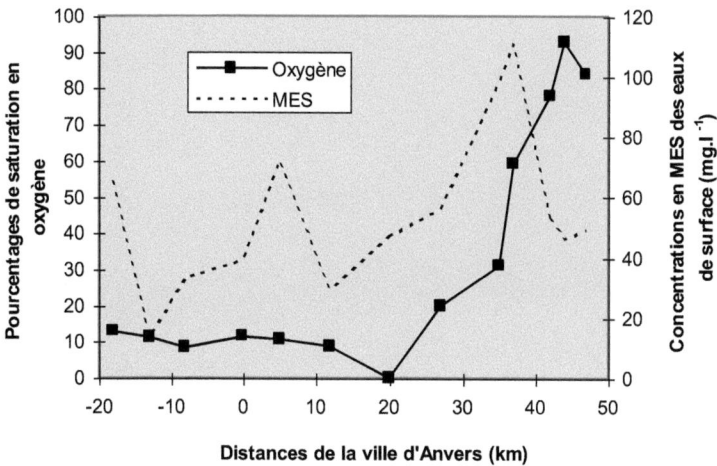

Figure II. 14 : Exemple de répartition longitudinale des teneurs en oxygène dissous et des concentrations en MES de l'estuaire de l'Escaut. Transect réalisé en avril 1994.

En aval d'Anvers, le mélange avec les eaux marines permet un retour graduel à des conditions aérobies. Les importantes concentrations en ammoniaque donnent alors lieu à des mécanismes de nitrification qui étaient impossible jusqu'alors. Ces mécanismes, également consommateurs d'oxygène, ralentissent la réoxygènation des eaux et un taux de saturation supérieur à 50% n'est atteint qu'à partir de la zone mésohaline.

Sels nutritifs dissous

Dans l'Escaut, les concentrations en éléments azotés sont intimement liées aux conditions d'oxygénation. Dans la zone hypoxique, ce sont les concentrations en ammoniaque qui sont les plus élevées, atteignant parfois 400 $\mu M.l^{-1}$. Elles décroissent ensuite très rapidement dans la zone oligohaline et au début de la zone mésohaline alors que les concentrations en nitrates suivent une évolution inverse (Fig. II. 15). C'est dans la première moitié de la zone mésohaline que les concentrations en nitrates sont les plus élevées (environ 400 $\mu M.l^{-1}$). Elles diminuent ensuite avec la dilution par les eaux marines.

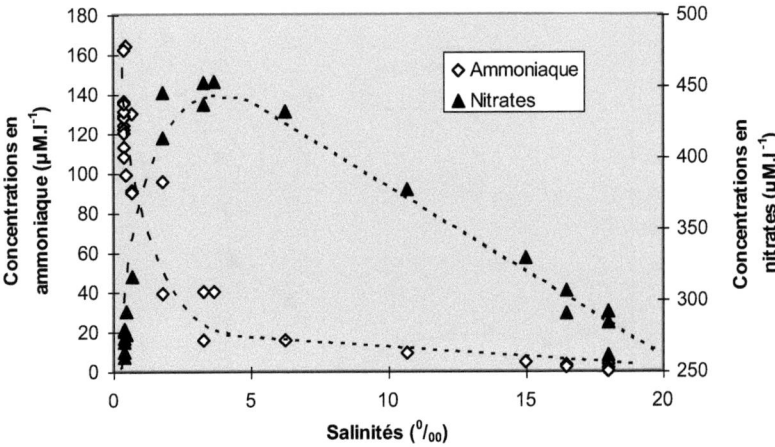

Figure II. 15 : Concentrations en ammoniaque et en nitrates en fonction de la salinité au cours d'un transect longitudinal effectué en avril 1994 dans l'estuaire de l'Escaut. Données fournies par U.H. Brockmann, Institut de biogéochimie et de chimie marine, Université de Hambourg.

Les concentrations en phosphates et en silicates sont généralement importantes (4 à 6 $\mu M.l^{-1}$ et 150 à 190 $\mu M.l^{-1}$ respectivement). Leurs évolutions reflètent globalement la dilution par les eaux marines (Fig. II. 16), bien que dans le cas des phosphates des phénomènes plus complexes puissent se produire au niveau du maximum de turbidité.

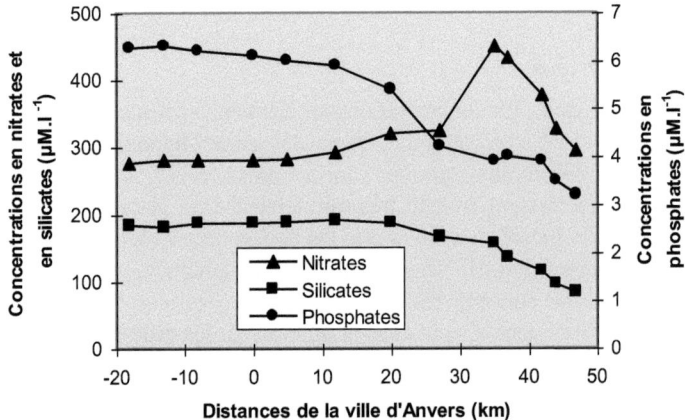

Figure II. 16 : Exemple de répartition longitudinale des concentrations en sels nutritifs dissous de l'estuaire de l'Escaut. Transect réalisé en avril 1994. Données fournies par U.H. Brockmann, Institut de biogéochimie et de chimie marine, Université de Hambourg.

II.5) L'estuaire de Mundaka

Particularités

Avec une surface de 1,89 km² et une longueur de seulement 13 km depuis l'embouchure jusqu'à la limite de l'influence des marées, l'estuaire de Mundaka (Fig. II. 17) est de loin le plus petit des estuaires étudiés. Situé sur la côte cantabrique, à quelques dizaines de km à l'est de Bilbao (Pays Basque espagnol), il draine seulement 140 km² de la zone montagneuse qui l'environne.

Bien que cet estuaire soit considéré comme d'un grand intérêt naturel et fasse partie de la réserve de la biosphère de Urdaibai, l'influence anthropique y est importante. Elle se manifeste essentiellement par l'occupation et la dégradation des zones intertidales et supralittorales ainsi que par le déversement de déchets urbains et industriels. Elle se manifeste également par un chenal artificiel en amont de l'estuaire qui relègue le chenal original à l'état de chenal secondaire.

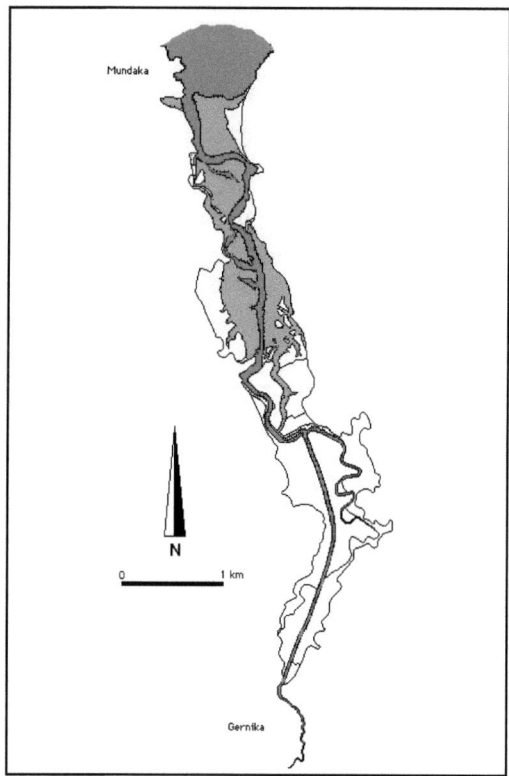

Figure II. 17 : Carte de l'estuaire de Mundaka.

Débits liquides

En période de vives eaux, l'amplitude de la marée est d'environ 4 m et le jusant dure classiquement plus longtemps que le flot. En période de mortes eaux, avec un marnage de 1 m, le flot et le jusant sont identiques, ce qui traduit déjà une influence marine prépondérante. En raison de la faible profondeur de l'estuaire (2,59 m en moyenne), les échanges dus à la marée sont en effet très importants et la valeur moyenne du prisme de marée ($4,9.10^6$ m^3) est plus élevée que le volume moyen de l'estuaire (Villate *et al.*, 1991).

Comparé aux volumes d'eau marine qui pénètrent à chaque cycle de marée, les apports d'eaux douces sont très faibles. Ils varient entre 0,048 m^3.s^{-1} et 4,8 m^3.s^{-1} en moyenne. Toutefois, en liaison avec le régime des précipitations et la nature du relief de la région, les débits peuvent augmenter très brutalement après une pluie. Il a en effet été observé que le maximum de débit fluvial consécutif à d'intenses précipitations peut se produire le jour même ou le lendemain du maximum de pluviosité, le retour aux conditions antérieures se faisant en moins d'une semaine (De Madariaga *et al.*, 1992).

Ces débits se traduisent par des temps de résidence des eaux parfois très longs mais extrêmement variables (entre 21 et 582 jours).

Température

L'estuaire de Mundaka est le plus au sud (43°20'N) des estuaires étudiés. En conséquence, il présente les températures les plus élevées, avec un maximum estival compris entre 27 et 28°C et un minimum hivernal entre 7 et 8°C.

Durant les mois où le contraste thermique entre les eaux douces et marines est le plus marqué, on observe un gradient longitudinal dont l'amplitude avoisine les 3°C. On observe également des variations nycthémérales assez importantes puisque la différence entre le jour et la nuit peut atteindre 4°C. Elles sont liées à la faible profondeur de l'estuaire et à la faible inertie thermique qui en résulte. Enfin, les entrées massives d'eau douce se produisant en période d'intenses précipitations peuvent provoquer des inversions thermiques transitoires.

Salinité

La zonation saline la plus fréquente dans l'estuaire de Mundaka est celle qui correspond à l'occupation de la moitié externe, la plus étendue, par les eaux polyhalines à basse mer et euhalines à pleine mer. Les eaux oligohalines et mesohalines n'occupent une portion significative de l'estuaire que durant les périodes de forts débits fluviaux. Toutefois, ce type de situation dure peu de temps et dès que le débit fluvial diminue, les forts courants de marée induisent une remonté rapide de la salinité.

Les eaux sont en général modérément stratifiées durant les mortes eaux et bien mélangées durant les vives eaux. Lorsqu'il y a stratification, elle alterne avec une homogénéité verticale en fonction du rythme des marées.

Matières en suspension

L'estuaire de Mundaka est largement moins turbide que les autres estuaires étudiés. Les concentrations en MES n'y dépassent que rarement 30 mg.l^{-1} et les conditions hydrologiques ne permettent pas la formation d'une zone de maximum de turbidité au sens stricte. Tout au plus, les teneurs en MES sont elles plus élevées dans l'estuaire que dans les domaines fluviaux et marins contigus.

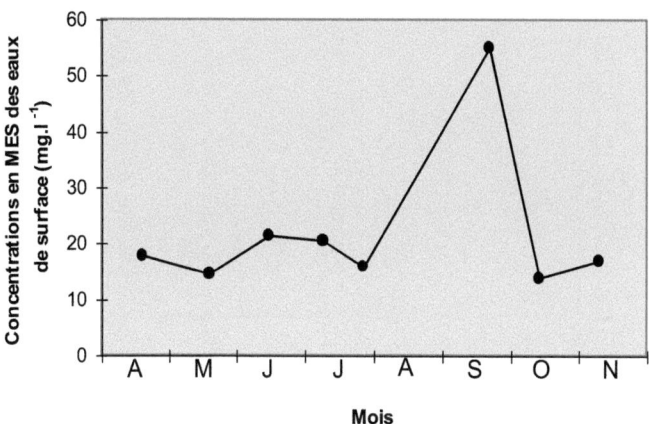

Figure II. 18 : Evolution des concentrations en MES au cours de l'année 1994 dans la partie moyenne de l'estuaire de Mundaka.

Au cours d'une année (Fig. II. 18), les plus fortes concentrations en particules correspondent généralement à des situations de vives eaux, lorsque les forts courants de marée entraînent une remise en suspension du sédiment. Les MES contiennent alors une part relativement faible de matière organique (de l'ordre de 6%). En été, avec les mortes eaux, la faiblesse des débits fluviaux et la modération des courants participent à une stratification plus stable qui limite les remises en suspension et le transport des particules (Villate *et al.*, 1991). Les organismes vivants et le phytoplancton en particulier contribuent alors assez largement aux MES (Villate *et al.*, 1991). Ils amènent des pourcentages élevés en matière organique (> 20 %) dont la fraction labile est importante (environ 30%).

Oxygène dissous

L'oxygène se maintient toujours à des niveaux proche de la saturation et même de sursaturation dans les eaux euhalines qui pénètrent avec la marée et qui sont soumises à l'action de la houle.

Dans les eaux dessalées, le pourcentage en oxygène est généralement plus faible mais présente alors d'importantes fluctuations (Fig. II. 19). Des valeurs particulièrement basses (< 10%) peuvent apparaître en été, lorsque les débits sont modérés et que la demande biologique en oxygène est élevée. A l'inverse, on peut observer des sursaturations consécutives à l'importante activité photosynthétique du phytoplancton. La station d'épuration de la ville de Gernika, située dans la partie la plus amont de l'estuaire, participe à la variabilité des observations.

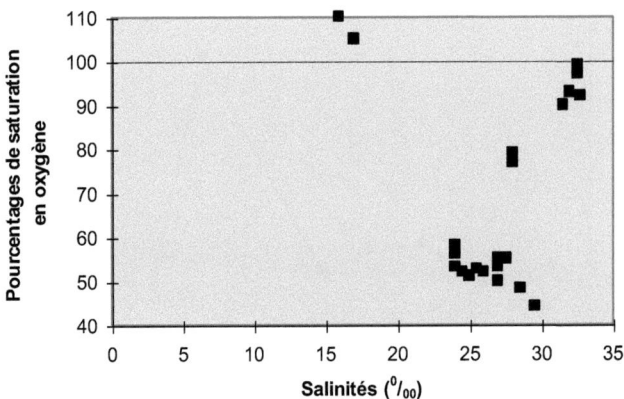

Figure II. 19 : Pourcentages de saturation en oxygène dissous en fonction des salinités dans l'estuaire de Mundaka, le 28 juillet 1994. Cet exemple illustre la décroissance de l'oxygène depuis l'aval vers l'amont de l'estuaire d'une part et les sursaturations locales engendrées par l'activité phytoplanctonique d'autre part.

Sels nutritifs dissous

Dans l'estuaire de Mundaka, les sels nutritifs sont à des concentrations plus faibles que dans les estuaires précédemment décrits et présentent d'importantes variations saisonnières (Fig. II. 20). Dans la partie amont de l'estuaire, les nitrates évoluent entre 20 $\mu M.l^{-1}$ au printemps et moins de 3,5 $\mu M.l^{-1}$ en été alors que l'ammoniaque et les phosphates présentent au contraire des maxima en été (respectivement 35 $\mu M.l^{-1}$ et 1 $\mu M.l^{-1}$) et des minima au printemps (respectivement 3,5 $\mu M.l^{-1}$ et 0,1 $\mu M.l^{-1}$). Les silicates peuvent, quant à eux, atteindre des concentrations proches de 5 $\mu M.l^{-1}$ en automne et en hiver mais restent à des concentrations inférieures à 3,5 µM.l^{-1} le reste de l'année. Les apports de la station d'épuration de Gernika pourraient être responsables de l'augmentation estivale des teneurs en ammoniaque. Mais les températures élevées et les faibles teneurs en oxygène durant l'été pourraient également expliquer les observations puisqu'elles stimulent le relargage d'ammoniaque et de phosphates par le sédiment ainsi que la consommation des nitrates (Cerco, 1989).

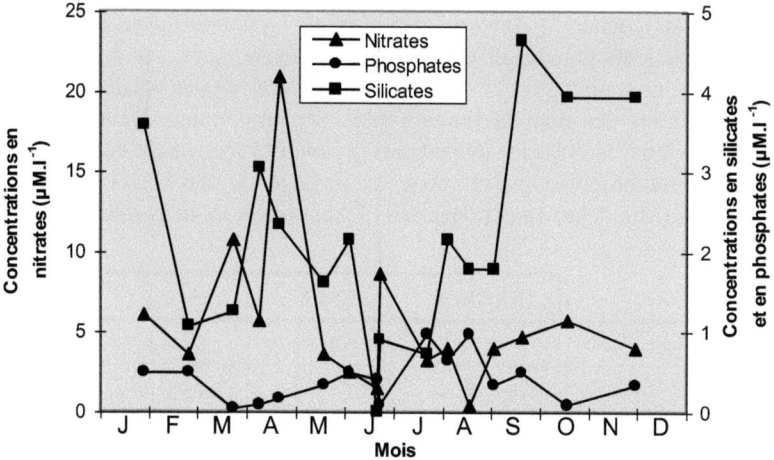

Figure II. 20 : Evolutions des concentrations en sels nutritifs dissous dans la partie la plus amont de l'estuaire de Mundaka, durant l'année 1992. D'après San Sebastián (1994).

Quel que soit la saison et même lorsque d'importantes biomasses phytoplanctoniques se développent, ces concentrations ne présentent pas de variations longitudinales notables sinon celles dues à la dilution par les eaux marines.

II. 6) Comparaison des estuaires et conclusion

Régulièrement espacés le long des côtes européennes, les quatre estuaires décrits plus haut offrent donc une large gamme de conditions hydrologiques. Du point de vue des débits, les estuaires de l'Escaut et de Mundaka se distinguent assez nettement des deux autres (Tableau II. 1) par une influence marine prépondérante (Volume d'eau oscillant / Volume fluvial en 6h15 > 200). En dépit de leurs grandes différences géomorphologiques, ces deux estuaires ont également en commun des turbidités modérées et des charges en matières organiques élevées dont la fraction labile est importante. De plus, les faibles débits fluviaux, la présence de matières organiques facilement dégradables et une influence anthropique assez nette conduisent à des situations d'hypoxie fréquentes (Mundaka) ou permanentes (Escaut) dans les deux milieux.

	GIRONDE	ELBE	ESCAUT	MUNDAKA
Type selon Pritchard (1955)	C	D	D	C
Volumes d'eau oscillants	$1,1$-2.10^9 m^3	$0,5$-$1,5.10^9$ m^3	1.10^9 m^3	$0,005.10^9$ m^3
Débits	800-1000 m^3.s^{-1}	1100 m^3.s^{-1}	105 m^3.s^{-1}	0,048-4,8 m^3.s^{-1}
Températures maximales	25°C	20°C	20°C	28°C
Températures minimales	6°C	1°C	6°C	7°C
Concentrations en MES	300-1000 mg.l^{-1}	80-300 mg.l^{-1}	50-100 mg.l^{-1}	10-50 mg.l^{-1}
Matière organique particulaire (% des MES)	3 %	6 %	8-10 %	6-20 %
Matière organique labiles (% de la MOP)	10-15 %	20-30 %	30 %	30 %
% de saturation en Oxygène	>70 %	>70 %	0-100 %	0-100 %
Concentrations en nitrates	< 200 µM.l^{-1}	< 500 µM.l^{-1}	< 400 µM.l^{-1}	< 40 µM.l^{-1}

Tableau II.1 : Principales caractéristiques physico-chimiques des estuaires étudiés.

A l'opposé, les estuaires de la Gironde et de l'Elbe présentent des débits fluviaux importants et une influence marine moins marquée (Volume d'eau oscillant / Volume fluvial en 6h15 < 100). La Gironde est de loin le site le plus turbide de tous, mais la matière organique n'y représente qu'une faible part des MES et surtout, cette matière organique ne contient qu'une petite proportion de substances labiles. Ainsi, la demande oxydative est modérée dans cet estuaire et en dépit d'une activité photosynthétique extrêmement faible, le niveau d'oxygénation y est toujours assez élevé.

La situation dans l'Elbe est plus mitigée. D'une part, les MES de cet estuaire sont à des niveaux quantitatifs et qualitatifs intermédiaires entre ceux de la Gironde et ceux de l'Escaut. D'autre part, les concentrations en éléments azotés y sont particulièrement importantes. Ainsi, si les teneurs en oxygène restent élevées, c'est surtout grâce aux faibles temps de résidence des eaux et aux agitations provoquées par les importants débits, auxquels s'ajoutent des températures modérées limitant les activités biologiques dégradatrices.

Sur la base de ces quelques caractéristiques physico-chimiques, on peut déjà s'attendre à des différences sensibles au niveau des organismes planctoniques qui sont, par définition, inféodés aux masses d'eaux et qui ne peuvent qu'exceptionnellement échapper aux conditions qui les environnent.

En relation avec la turbidité qui limite la pénétration lumineuse et donc la production primaire, les biomasses phytoplanctoniques sont par exemple bien plus importantes dans l'estuaire de Mundaka (parfois plus de 100 $\mu g.l^{-1}$ de chlorophylle a) que dans celui de la Gironde (généralement moins de 20 $\mu g.l^{-1}$ de chlorophylle a).

Les teneurs en matières organiques assimilables sont également très différentes d'un estuaire à l'autre et semblent elles aussi décroître pour des concentrations croissantes en MES (Irigoien *et al.*, 1995).

Ainsi, les organismes zooplanctoniques vivant dans ces différents milieux ne rencontrent pas les mêmes conditions nutritionnelles. On peut donc aisément supposer qu'il existe certaines conséquences sur l'ingestion, la croissance et la fécondité de ces animaux qui vont se combiner aux effets de la température.

III. Facteurs contrôlant la fécondité *in situ* des copépodes estuariens

III. 1) Introduction

Durant ces dix dernières années, de nombreuses études ont porté sur la détermination des facteurs contrôlant la fécondité chez les copépodes planctoniques. Beaucoup d'entre elles ont clairement démontré le rôle prépondérant de la température et des ressources nutritives, à l'aide d'expériences conduites en laboratoire (Ambler, 1985 ; Checkley, 1980a ; Peterson, 1988 ; Uye, 1981 ; Klein Breteler et Gonzalez, 1986) comme d'expériences conduites sur le terrain (Hirche & Kattner, 1993 ; Kimmerer, 1984 ; White & Roman, 1992).

La prépondérance de ces facteurs semble aujourd'hui faire l'unanimité. Par contre, leur importance relative dans le contrôle de la fécondité *in situ* est toujours débattue. D'une étude à l'autre, on observe des différences en fonction de l'espèce étudiée, du site choisi ou de la méthode adoptée. On observe également des différences liées à l'échelle de temps utilisé lors des observations (Bautista *et al.*, 1994). A des échelles saisonnières, la fécondité semble en effet souvent contrôlée par la température (Ambler, 1986 ; Kiørboe *et al.*, 1988) alors qu'à des échelles de temps plus courtes, elle semble, au contraire, principalement liée aux ressources nutritives (Durbin *et al.*, 1983 ; Frost, 1985 ; Beckman & Peterson, 1986). La nature même des ressources nutritives participe pour beaucoup à la diversité des résultats obtenus. Les ressources nutritives du milieu naturel correspondent en effet à un assemblage souvent complexe et hétérogène de particules vivantes ou non. Les copépodes sont susceptibles de puiser l'énergie nécessaire à leur métabolisme dans un ou plusieurs des sous-ensembles de cet assemblage. Ainsi, lorsque l'on observe les relations entre la fécondité et un sous-ensemble particulier tel que le phytoplancton, on trouve parfois de solides corrélations (Checkley, 1980b ; Runge, 1985b), parfois une absence totale de corrélation (Runge, 1985a ; Stearns *et al.*, 1989 ; Durbin *et al.*, 1992 ; Weissman *et al.*, 1993). Une autre approche des ressources nutritives consiste à utiliser des variables globales telles que les concentrations en carbone et en azote (Ambler, 1986 ; Durbin *et al.*, 1983 ; Kleppel, 1992) ou celles en acides gras, en glucides et en protéines (Jónasdóttir *et al.*, 1995). A travers cette approche, on peut éviter certaines des difficultés liées à la compartimentation des ressources. En contrepartie, l'interprétation des résultats en termes de signification écologique est plus délicate car il est difficile d'associer l'une de ces variables à un ou plusieurs groupes fonctionnels.

La compréhension de la dynamique des populations planctoniques et la modélisation des interactions dans les écosystèmes estuariens nécessitent une connaissance détaillée de l'influence des différents facteurs, d'autant plus que les conditions hydrologiques en estuaire sont sujettes à d'importantes variations spatiales et temporelles. L'objectif de la première partie de ce travail est donc d'évaluer l'importance relative de la température et des ressources nutritives dans le contrôle de la fécondité *in situ*.

En liaison avec les différences qui peuvent être constatées en fonction de l'échelle d'observation, deux approches complémentaires ont été retenues. La première consiste à suivre l'évolution saisonnière de la fécondité de chacune des deux espèces étudiées dans un estuaire particulier : la Gironde. La seconde approche consiste à comparer les valeurs de fécondité mesurées à une même saison dans plusieurs estuaires nettement différents sur le plan des ressources nutritives. Il s'agit des estuaires de l'Elbe, de l'Escaut et de la Gironde pour *Eurytemora affinis* et des estuaires de la Gironde et de Mundaka pour *Acartia bifilosa*. En combinant ces deux approches, on peut envisager (1) d'évaluer si les mêmes facteurs sont responsables des variations de la fécondité pour les deux types d'observation, (2) de préciser la hiérarchisation de ces facteurs dans les différentes circonstances rencontrées.

Contrairement à la température, les ressources nutritives s'avèrent souvent difficiles à évaluer puisque ce terme générique regroupe en réalité une pléiade de variables plus ou moins bien connues en estuaire. Au moment de choisir une approche méthodologique, cette situation impose un compromis entre la quantité d'informations susceptibles d'être recueillies, la pertinence de ces informations et la faisabilité technique des mesures. Les variables finalement choisies et mesurées ne correspondent donc pas à une description complète des ressources nutritives. Elles reprennent seulement des caractéristiques générales jugées importantes et doivent être considérées comme des indicateurs.

Classiquement, la concentration en Chlorophylle a est la première de ces variables. Elle permet d'évaluer la disponibilité du phytoplancton qui est souvent considéré comme une composante essentielle des ressources nutritives pour les copépodes calanoïdes.

La concentration en matières en suspension (MES) a également été prise en considération. Cette variable revêt en effet une importance particulière dans les estuaires où la turbidité est souvent très élevée. D'origine continentale pour la plupart, les MES de ces milieux sont essentiellement composées de matières minérales (95% du poids sec pour la Gironde, Castaing *et al.*, 1984) et de matières organiques réfractaires (Etcheber, 1983), matrice au sein de laquelle se disperse la variété des proies potentielles pour les copépodes. Les MES incluent donc les ressources nutritives (phytoplancton, protozoaires, bactéries, détritus organiques) mais ne constituent pas une ressource nutritive dans leur ensemble. Elles trouvent cependant leur place parmi les variables mesurées car elles jouent un rôle fondamental dans l'environnement nutritionnel des copépodes. Des concentrations croissantes en MES limitent, par exemple, la production primaire et l'abondance du phytoplancton en réduisant la pénétration lumineuse (Irigoien et Castel, 1995). Elles peuvent également constituer un substrat pour les bactéries (Hernandez, 1997), influençant leur abondance tout comme celle des organismes bactériophages tels que les ciliés ou les flagellés hétérotrophes (Epstein et Shiaris, 1992). Enfin, une influence plus directe des MES sur les mécanismes nutritionnels des copépodes n'est pas à exclure, comme le suggère les travaux de Sherk *et al.* (1974) qui montrent une réduction des taux d'ingestion d'*Acartia tonsa* et d'*Eurytemora affinis* lorsqu'ils sont soumis à des concentrations croissantes de MES.

Une évaluation globale des ressources nutritives a également été envisagée à travers la somme des teneurs en protéines, glucides et lipides (P+G+L) des particules en suspension (Laane *et al.*, 1987 ; Relexans *et al.*, 1992). Cette troisième variable correspond en effet à la partie labile des MES et permet d'évaluer la part des particules potentiellement assimilables par les copépodes.

En complément, les principales caractéristiques physico-chimiques du milieu (Salinité, Oxygène dissous) ont également été mesurées. En s'assurant que les valeurs de ces variables lors des expérimentations appartenaient à la gamme de tolérance de chacune des espèces étudiées, il a été possible d'éviter une trop grande multiplication des facteurs susceptibles d'affecter la fécondité et ainsi, de mieux focaliser l'effort d'analyse sur les influences de la température et des ressources nutritives.

III. 2.) Matériels et méthodes

Echantillonnage

Dans l'estuaire de la Gironde, les campagnes ont eu lieu une fois par mois entre avril 1993 et novembre 1995. Les échantillonnages et les mesures ont été réalisés dans des conditions de marées moyennes (Coefficients de marée compris entre 50 et 60), à trois points fixes couvrant l'ensemble de la zone saumâtre de l'estuaire. Il s'agit des points F au pK 67 (45°22'N - 0°48'W), E au pK 52 (45°14'N -0°43'W) et K au pK 30 (45°14'N - 0°38'W). Les deux espèces étudiées ne furent pas toujours présentes à tous les points. *Acartia bifilosa* est généralement l'espèce dominante dans la partie aval de l'estuaire (point F) alors qu'*Eurytemora affinis* domine généralement dans la partie amont (point K). Le point E est, quant à lui, alternativement colonisé par l'une ou l'autre des deux espèces en fonction de la saison et de l'importance du débit fluvial. *E. affinis* y est toutefois l'espèce la plus souvent rencontrée.

Indépendamment de ce suivi saisonnier, des campagnes multidisciplinaires ont été entreprises dans les estuaires de l'Elbe, de l'Escaut et de la Gironde aux printemps 1993 et 1994. Cette saison correspond généralement au pic annuel d'abondance du copépode *E. affinis*. C'est pourquoi, les expériences conduites durant ces campagnes lui furent entièrement consacrées. Au cours de transects longitudinaux comprenant 8 à 10 stations régulièrement espacées sur l'ensemble de la zone saumâtre, seules les stations présentant les plus fortes abondances ont été retenues pour les échantillonnages et les mesures en liaison avec l'étude de la fécondité. Ainsi, 3 séries d'expériences ont été conduite dans l'Elbe, 2 dans l'Escaut et 4 dans la Gironde.

Dans l'estuaire de Mundaka, les campagnes ont eu lieu en 1994 et en 1995, entre les mois d'avril et de novembre inclus. *A. bifilosa* est la seule des deux espèces étudiées représentée dans cet estuaire. Sa disparition hivernale justifie l'absence d'échantillonnages et de mesures entre les mois de décembre et mars. En liaison avec sa faible étendue, le régime de précipitation de type torrentiel sur son bassin versant et la forte influence du cycle de marée, les caractéristiques hydrologiques d'un point donnée de l'estuaire de Mundaka sont particulièrement variables. C'est pourquoi les stations d'échantillonnage ont été sélectionnées à chaque campagne en fonction des données de salinité obtenues et de la position des différentes masses d'eau afin de coïncider avec le pic d'abondance d'*A. bifilosa*.

Paramètres physico-chimiques et analyse des MES

A chaque campagne, la température, la salinité (avec un conductimètre de terrain ISY 33 ou WTW 196) et l'oxygène dissous (avec un oxymètre de terrain orbisphère mod. 2609 ou ISY 55) ont été mesurés.

La concentration en matières en suspension (MES, $mg.l^{-1}$) a été déterminée après filtration de 100 à 250 ml d'eau de l'estuaire sur des filtres en fibres de verre (Whatman GF/C, porosité 0,45 µm) pesés au préalable. Trois réplicats ont été effectués par station. Les filtres ont ensuite été séchés à l'étuve à 60°C pendant 24 heures puis pesés sur une balance analytique (précision 0,1 mg). Le résultat a été obtenu en calculant la différence entre le poids du filtre avant et après usage et en divisant par le volume filtré.

Le dosage de la concentration en pigments chlorophylliens a été réalisé par fluorimètrie. Sur le terrain, entre 20 et 50 ml d'eau estuarienne (en fonction de la charge en particules) ont été filtrés (Whatman GF/C, porosité 0,45 µm) et immédiatement congelés dans l'azote liquide. Trois réplicats ont été effectués par station. De retour au laboratoire, les filtres ont été broyés mécaniquement dans des tubes en verre contenant 5 ml d'acétone à 90% puis placés à l'obscurité, à 4°C, pendant 24 heures. Une fois l'extraction terminée, les tubes ont été centrifugés et le surnageant récupéré. La fluorescence du surnageant a été mesurée à l'aide d'un fluorimètre Turner modèle 112 (excitation 430-450 nm, émission 650-680 nm), avant et après acidification (50 µl d'HCl 0,1 N), selon la méthode de Neveux (1983). Les concentrations en chlorophylle a ($µg.l^{-1}$) et en phéopigments ($µg.l^{-1}$) ont été calculées à l'aide des équations de Lorenzen (1967) dont le détail est présenté dans l'encadré III. 1.

La détermination de la concentration en chlorophylle a en estuaire par la méthode fluorimétrique a parfois été critiquée (Irigoïen, 1996). Des interférences pourraient en effet être engendrées par d'autres produits fluorescents et en particulier par les substances humiques qui sont très abondantes dans ces milieux. Cette éventualité semblent toutefois assez peu probable puisque l'acétone est un très mauvais extractant des substances humiques du matériel particulaire et que les longueurs d'onde d'excitation et d'émission des substances humiques (ex : 370 nm, em : 400-550 nm) et des pigments chlorophylliens (ex : 430-450, em : 650-680 nm) demeurent bien séparées (Ewald *et al.*, 1983 ; De Souza et Donard, 1991). Par ailleurs, la fluorimétrie ne permet pas la distinction entre la chlorophylle a et la chlorophyllide a. Cependant, cette dernière molécule étant étroitement liée à la synthèse ou à la dégradation de la chlorophylle a, c'est à dire aux cellules vivantes ou récemment mortes, la confusion paraît tolérable au moment d'estimer la biomasse (Baker et Wolff, 1987).

Encadré III. 1 : Equations de Lorenzen (1967)

$$\text{Chlorophylle a } (\mu g.l^{-1}) = K_X \cdot \frac{F_0}{F_a}\max \cdot F_a \cdot \left[\frac{\frac{F_0}{F_a}-1}{\frac{F_0}{F_a}\max -1}\right] \cdot \frac{v}{V}$$

$$\text{Pheophytine a } (\mu g.l^{-1}) = K_X \cdot \frac{F_0}{F_a}\max \cdot F_a \cdot \left[1-\frac{\frac{F_0}{F_a}-1}{\frac{F_0}{F_a}\max -1}\right] \cdot \frac{v}{V} \cdot 0{,}975^*$$

* rapport des poids moléculaires Phéophytine a / Chlorophylle a (inutile si l'on considère non pas le poids réel de la phéophytine mais une équivalence en chlorophylle a dégradée)

$\frac{F_0}{F_a}$ max : Rapport d'acidification de la chlorophylle a pour un appareillage donné

F_0 : Fluorescence de l'échantillon avant acidification

F_a : Fluorescence de l'échantillon après acidification

v : Volume de l'extrait acétonique (en ml)

V : Volume d'eau filtrée (en ml)

K_x : Constante de calibration pour une fente donnée du fluorimètre (en µg.l^{-1} par unité de fluorescence).

    Les teneurs en protéines, glucides et lipides des particules en suspension ont été mesurées par le Département de Géologie et d'Océanographie (DGO) de l'Université Bordeaux I. Dans les trois cas, un volume d'eau déterminé a été filtré (Whatman GF/F, porosité 0,45 µm) puis les filtres ont été séchés pour être conservés jusqu'à l'analyse. Là encore, trois réplicats ont été réalisés à chaque station.

    La méthode employée pour déterminer la concentration en protéines (mg.l^{-1}) est celle de Bradford (1976) modifiée par Setchell (1981). Les filtres sont broyés aux ultrasons dans 50 ml d'une solution de NaOH 0,1 N puis étuvés durant 2 heures à 50°C. Après centrifugation, un sous-échantillon de 1 ml est prélevé dans le surnageant puis mélangé à 50 ml de HCl 2N, 950 ml de tampon phosphate 0,2 M et 0,1 ml de réactif de Bradford (BIORAD) dilué à 1/5. Les protéines forment alors un complexe coloré dont l'absorbance est mesurée à 595 nm dans l'heure qui suit. La concentration est ensuite calculée à partir d'une courbe de calibration déterminée à l'aide d'une solution d'ovalbumine diluée à 1/10 avec du tampon phosphate.

    Pour déterminer la concentration en Glucides (mg équivalent glucose.l^{-1}), les filtres sont dilacérés mécaniquement à l'aide d'une tige de verre dans 5 ml d'eau distillée. Après 30 minutes d'ébullition, quatre sonications de 30 secondes et une centrifugation à 4000 trs.min^{-1} pendant 20 minutes, on obtient entre 3 et

4 ml de surnageant. On prélève alors 200 µl de cet extrait auxquels on ajoute 200 µl de phénol suivis d'1 ml d'H_2SO_4 concentré (d=1,33). On place ensuite l'ensemble au bain marie durant 5 minutes pour accélérer la vitesse de réaction. En réagissant avec les glucides, le phénol donne un composé jaune-orangé dont l'absorbance est mesurée à 490 nm à l'aide d'un spectrophotomètre (Dubois et al., 1956) dans la demi-heure qui suit. La concentration du surnageant est ensuite calculée en comparant la valeur obtenue avec celle d'une courbe étalon réalisée à partir d'une solution de glucose à 0,1 g.l^{-1}. Cette valeur est ensuite rapportée au volume de surnageant récupéré et au volume d'eau filtré pour déterminer la concentration de l'échantillon.

Les filtres destinés à la détermination de la concentration en lipides sont tout d'abord broyés dans un mélange chloroforme-méthanol (Folch et al., 1956) puis exposés à des ultrasons durant six minutes. Après une première centrifugation à 4000 trs.min^{-1}, le surnageant est repris avec de l'eau milli-Q afin d'obtenir un mélange chloroforme-méthanol-eau dans les proportions 8/4/3 en volume. Une seconde centrifugation permet alors de séparer la phase méthanol-eau de la phase chloroforme contenant les lipides. Cette dernière est déposée dans un récipient en aluminium de poids connu et après évaporation totale du chloroforme, le dosage s'effectue par simple pesée au moyen d'une balance précise au µg.

Fécondité in situ

A chaque station, des bouteilles d'incubation de 5 litres en polypropylène (10 durant les expériences préliminaires et 3 durant les expériences suivantes) ont été remplies avec de l'eau estuarienne prélevée en surface et filtrée sur 63 µm. La filtration a pour but d'éliminer les oeufs (dont le diamètre est toujours supérieur à 75 µm pour les espèces étudiées), les *nauplii* et les copépodites, tout en préservant un environnement nutritionnel aussi proche que possible des conditions naturelles. Un échantillon de plancton a été récolté simultanément à l'aide d'un filet WP2 standard de 200 µm de vide de maille. Le prélèvement, horizontal et d'une durée comprise entre 2 et 5 minutes, a toujours été réalisé à environ 50 cm sous la surface.

Afin de ne conserver que les copépodes adultes, l'échantillon de plancton a ensuite été tamisé (voir encadré III. 2) puis des lots d'une centaine d'individus (mâles et femelles) ont été pipetés délicatement et transférés aussi vite que possible dans chaque bouteille d'incubation. Des lots identiques ont également été immédiatement fixé à l'aide de formol à 5% (concentration finale). Le volume des bouteilles utilisées a permis le maintien de densités expérimentales proches de celles rencontrées dans le milieu naturel (20 ind.l^{-1} dans les bouteilles contre 1 à 40 ind.l^{-1} dans le milieu naturel), tout en offrant un nombre de femelle

Encadré III. 2 : Sélection par tamisage des copépodes adultes destinés aux mesures de fécondité.

Grâce à la paucispécificité des peuplements zooplanctoniques en estuaire et à la bonne ségrégation spatiale et temporelle des espèces, les copépodes adultes ont pu être séparés du reste de l'échantillon de plancton simplement, au moyen de deux tamisages successifs. Le premier tamisage, effectué sur une grille de 1 mm de vide de maille, est destiné à retenir les éventuels prédateurs (petites méduses, mysidacées, larves de poisson, etc...). Le second, effectué sur une grille de 500 µm pour *Eurytemora affinis* ou sur 350 µm pour *Acartia bifilosa*, est destiné à ne retenir que les adultes qui seront utilisés.

Par comparaison avec un tri systématique des individus, cette méthode présente deux principaux avantages : d'une part, le temps nécessaire à la manipulation est beaucoup plus court, réduisant ainsi le stress subit par les animaux, d'autre part, le nombre d'individus récoltés est nettement plus important ce qui accroît la représentativité des sous-échantillons obtenus.

Cette méthode souffre cependant de quelques points faibles. Le principal d'entre eux est lié à l'inévitable rétention d'une petite proportion de stades copépodites (CIV et CV) avec les adultes. Quelques uns peuvent muer durant les incubations, augmentant ainsi les effectifs de femelles sans augmenter le nombre d'oeufs produits dans les mêmes proportions. Kimmerer (1984) propose un calcul permettant la correction des données obtenues dans ces conditions. Ce calcul suppose que (1) toutes les femelles déjà présentes aient la même activité reproductrice et que (2) les individus parvenu au stade adulte durant l'incubation ne soit pas encore capable de se reproduire. Au cours d'une série d'expériences préliminaires (Fig. a), la proportion de stades copépodites n'a pas dépassé 20% des effectifs et parmi eux, moins du quart sont passés au stade adulte durant les incubations. L'erreur qui en résulte est une surestimation du nombre de femelles à la fin de l'incubation de l'ordre de 6% au maximum. Ce chiffre a été considéré comme acceptable compte tenu de l'amplitude naturelle de variation de la fécondité. Aucune correction n'a donc été apportée.

Un second point faible est lié à l'élimination d'une petite proportion de femelles de grande taille lors du tamisage destiné à éliminer les prédateurs (grille de 1 mm). Ce phénomène pourrait être à l'origine d'une sous-estimation de la fécondité dans la mesure où les femelles les plus grandes pourraient avoir une fécondité supérieure à celle des femelles les plus petites (Hirche, 1992; Crawford et Daborn, 1986). Toutefois, il ne s'agit pas d'un fait bien établi puisque Kiørboe et Sabatini (1996), à travers la compilation d'un grand nombre de données sur la taille et la fécondité chez les copépodes, ne trouvent aucune relation de ce type. Compte tenu du faible nombre de femelles retenues sur la grille de 1 mm comparé au nombre total de femelle, l'éventuelle influence de cette perte sur le résultat final a donc été supposée négligeable.

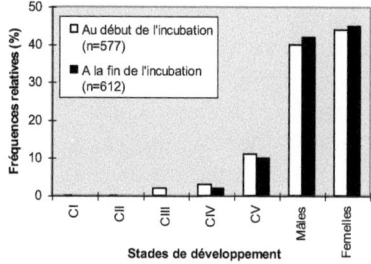

Figure a: *Eurytemora affinis*. Distribution par stades des individus de la fraction 500-1000 µm au début et à la fin des expériences préliminaires d'incubation conduites en mars 1993.

Enfin, on notera que dans le cas d'*Eurytemora affinis,* les femelles perdent parfois leur ovisac lors du tamisage et ce d'autant plus facilement que le sac contient un grand nombre d'oeufs. Ainsi, les femelles placées en incubation portent un nombre d'oeufs plus faible en moyenne que celles du milieu naturel. Ceci ne remet *a priori* pas en cause les mesures de fécondité puisqu'elles reposent sur l'observation de la variation relative du nombre d'oeufs par femelle dans un intervalle de temps. Cependant, ce phénomène impose l'hypothèse d'une indépendance entre le nombre d'oeufs portés par une femelle et sa fécondité instantanée.

statistiquement satisfaisant (>30 dans chaque bouteille). Ainsi, il a été possible d'éviter une surpopulation qui aurait pu s'avérer néfaste à la fécondité (Kimmerer, 1984). De plus, ce volume permet d'éviter de trop fréquentes rencontres entre les animaux et les parois de l'enceinte expérimentale. Ces rencontres peuvent en effet perturber les mécanismes nutritionnels des copépodes (Anraku, 1964 ; Sautour, 1991).

Les bouteilles ainsi préparées ont été placées en incubation pour une durée comprise entre 23 et 25 heures, dans un bac rempli de 250 litres d'eau estuarienne renouvelée le plus souvent possible afin de maintenir une température identique à celle du milieu. La sédimentation des MES a été évitée en animant régulièrement les bouteilles de lents mouvements rotatifs. A la fin de la période d'incubation, le contenu de chaque bouteille a été récupéré et fixé à l'aide de formol à 5% (concentration finale).

De retour au laboratoire, les femelles, les oeufs et les nauplies de chaque sous-échantillon ont été comptés à la loupe binoculaire (les femelles abîmées, peu nombreuses, ont été écartées du comptage). Dans le cas d'*Eurytemora affinis*, l'existence d'ovisacs entraîne l'introduction d'oeufs associés aux femelles au début des incubations. En conséquence, la fécondité (F, oeufs.femelle^{-1}.jour^{-1}), supposée constante durant les incubations, a été calculée comme la différence entre le nombre moyen d'oeufs par femelles au début de l'incubation et le nombre moyen d'oeufs par femelles à la fin de l'incubation, les nauplii étant assimilés à des oeufs. L'équation correspondante est la suivante :

$$F = \frac{\left(\frac{N_e + N_n}{N_f}\right)_{T1} - \left(\frac{N_e + N_n}{N_f}\right)_{T0}}{t}$$

N_e: Nombre d'oeufs dans le sous-échantillon
N_n: Nombre de *nauplii* dans le sous échantillon
N_f: Nombre de femelles dans le sous-échantillon
T_0: Début de l'incubation
T_1: Fin de l'incubation.
t : Durée de l'incubation (en jour)

Pour *Acartia bifilosa,* la démarche est identique mais, cette seconde espèce ne portant pas ses oeufs, le nombre moyen d'oeufs par femelle au début de l'incubation n'est que très rarement différent de zéro.

Dans les deux cas, les oeufs présents dans les oviductes n'ont pas été pris en considération, en accord avec Lucas (1993) qui considère ces oeufs comme faisant partie de la croissance tissulaire tant qu'ils n'ont pas été émis. Par ailleurs, le cannibalisme des copépodes adultes envers leurs oeufs, bien qu'envisagé, n'a pas été pris en compte lors des calculs. Dans le cas d'*E. affinis*, un tel comportement semble très improbable compte tenu de la présence d'ovisacs. Par contre, dans le cas d'*A. bifilosa,* la possibilité qu'un cannibalisme modéré ait eu lieu durant les expériences ne peut pas être totalement écartée.

Dans l'estuaire de Mundaka, la fécondité d'*Acartia bifilosa* a été mesurée par l'équipe de F. Villate (laboratoire d'écologie de l'université de Bilbao), avec une méthode légèrement différente. Les échantillons de plancton, une fois tamisés, ont été placés dans des bidons de 20 litres avec de l'eau du milieu de salinité identique (prélevée à la pompe) et protégés de la lumière jusqu'à leur transport à terre. Une fois à terre, une soixantaine d'individus, montrant une bonne activité, ont ensuite été prélevés à l'aide d'une pipette et répartis dans six bouteilles de 500 ml (huit à dix individus par bouteille) remplies au préalable avec de l'eau du bidon filtrée sur 45 µm pour éliminer les oeufs et les *nauplii*. Les bouteilles ont ensuite été placées en incubation pour une durée de 24 heures.

En 1994, les incubations ont été conduite *in situ*, six bouteilles ayant été rapportées sur le site et plongées à 1 mètre de profondeur, mais aussi à terre, six autres bouteilles ayant été placées dans une enceinte thermostatée. En 1995, les incubations ont été réalisées uniquement *in situ*.

A la fin de la période d'incubation, le contenu des bouteilles a été filtré séquentiellement sur 200 et 45 µm afin de retenir respectivement les adultes et les oeufs. Les échantillons ont ensuite été fixés au formol à 4% et colorés au rose bengale avant examen au microscope.

La formule utilisée pour le calcul de la fécondité est identique à celle décrite précédemment.

III. 3.) Résultats

Fécondité d'E. affinis dans l'estuaire de la Gironde

Dans l'estuaire de la Gironde, entre avril 1993 et avril 1995, la fécondité d'*E. affinis* a évolué entre 0,3 et 6,0 oeufs par femelle et par jour. D'un point de vue saisonnier (Fig. III. 1), les valeurs les plus élevées ont été rencontrées au printemps (jusqu'à 6,0 oeufs par femelle et par jour) et dans une moindre mesure en automne (jusqu'à 3,5 oeufs par femelle et par jour). En hiver et en été les valeurs de fécondité sont toujours restées faibles (moins de 2 oeufs par femelle et par jour) mais à aucun moment il n'y a eu d'arrêt complet de la reproduction.

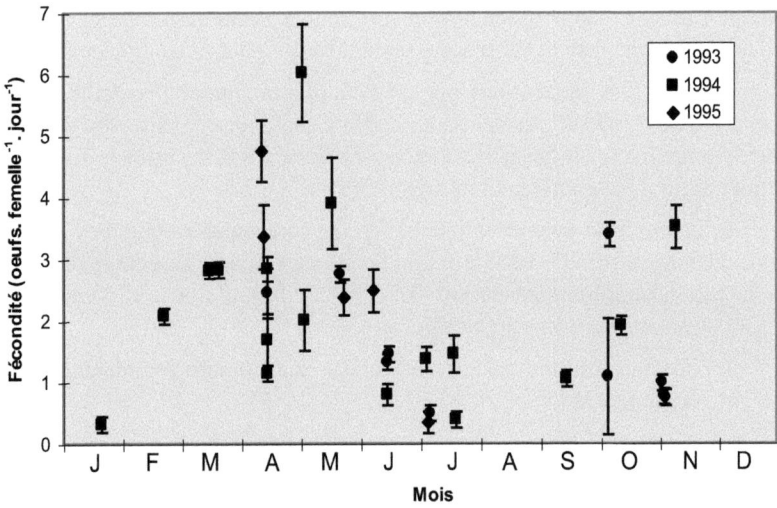

Figure III. 1 : Fécondité du copépode *E. affinis* dans l'estuaire de la Gironde entre les mois d'avril 1993 et d'avril 1995. Les barres verticales indiquent les erreurs standards.

Parmi les différentes variables environnementales mesurées, aucune n'a semblé capable d'expliquer à elle seule et de manière simple les variations de la fécondité d'*E. affinis* (Fig. III. 2). Ni la concentration en oxygène (toujours supérieure à 75 % de saturation au moment du prélèvement), ni la salinité (toujours comprise entre 0,3 et 6,0 ‰), n'ont été en mesure d'expliquer les observations (non figuré). Par ailleurs, bien que l'on ait pu s'attendre à une augmentation de la fécondité pour des concentrations croissantes en chlorophylle a ou en Protéines, Glucides et Lipides (P+G+L), en tant qu'indicateurs de la quantité de nourriture disponible, aucune relation de ce type n'a pu être mise en évidence dans les circonstances naturelles (Fig. III. 2. B et Fig. III. 2. D). Les seules tendances à s'être dégagées concernent la température d'une part et la concentration en MES d'autre part (Fig. III. 2. A et II. 2. C).

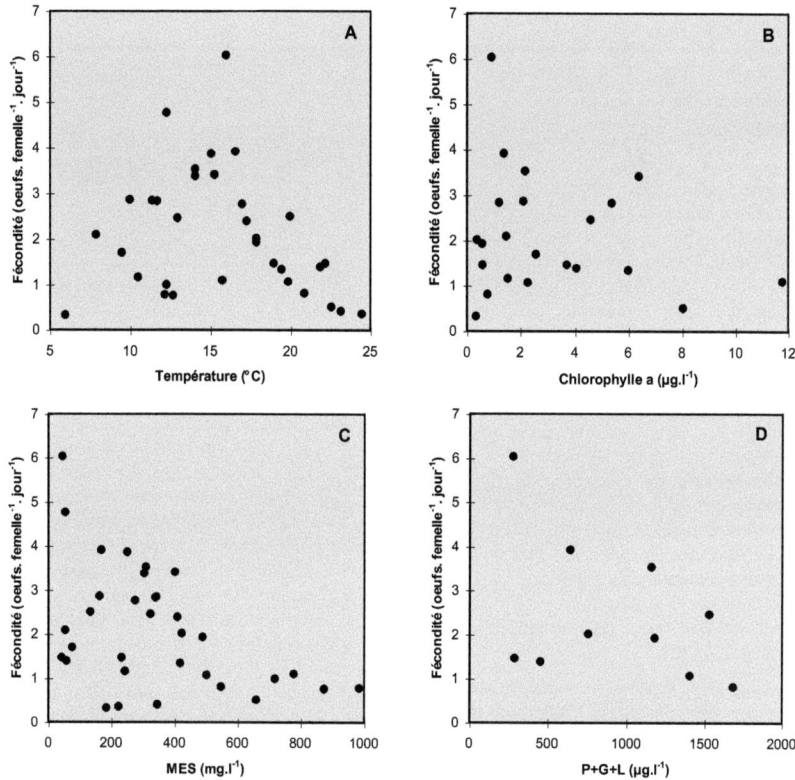

Figure III. 2 : *E. affinis.* Fécondité en fonction de la température (A), de la concentration en chlorophylle a (B), de la concentration en MES (C) et de la concentration en protéines, glucides et lipides (D) au début des incubations conduites dans l'estuaire de la Gironde. Les graphiques B et D ne comptent que 22 et 10 points respectivement contre 33 pour les graphiques A et C car les concentrations en P+G+L et en chlorophylle n'ont pu être mesurées au cours de toutes les campagnes.

En fonction de la température (Fig. III. 2. A), la répartition des valeurs de fécondité rappelle une courbe bêta (voir encadré III. 3) qui présenterait sa partie croissante comme sa partie décroissante à l'échelle des températures naturelles et dont le sommet se situerait entre 13 et 17°C environ.

En fonction de la concentration en MES (Fig. III. 2. C), la fécondité a semblé décroître de manière exponentielle. Pour des concentrations en MES modérées, des valeurs de fécondité fortes comme des valeurs de fécondité faibles ont pu être observées mais plus les teneurs en MES ont été élevées, plus les valeurs de fécondité sont restées faibles.

Encadré III. 3 : Influence de la température sur les processus biologiques.

En général, un organisme vivant persiste dans une gamme de température compatible avec la conservation de sa structure, mais l'activité de cet organisme peut être très différente à l'intérieur de cette gamme. C'est au niveau des protéines enzymatiques, qui catalysent les réactions chimiques du métabolisme cellulaire, que la température agit. L'activité d'une enzyme a une évolution ressemblant à une courbe bêta (Fig. a) caractérisée par des températures limites (minimales et maximales) et une température optimale. Comme de multiples enzymes interviennent, le contrôle d'un processus biologique par la température doit finalement être vue comme la résultante de leurs activités. Ce phénomène est si fondamental, qu'il émerge à tous les niveaux d'intégration. Ainsi, les taux de croissance, d'ingestion ou de reproduction évoluent également avec la température selon des courbes bêta.

Des modèles explicatifs complexes, faisant intervenir de nombreuses constantes thermodynamiques, peuvent être élaborés pour

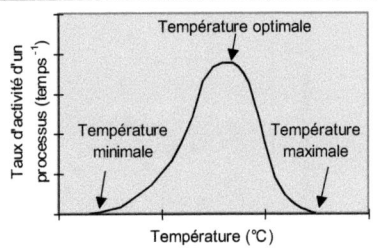

Figure a : Evolution d'un processus biologique avec la température selon une courbe bêta.

décrire ces processus (Sharpe et DeMichele, 1977). Mais une étude écologique requiert des modèles simples. Sur des gammes restreintes de température on utilise très fréquemment des équations exponentielles, soit directement, soit en utilisant le Q_{10} qui correspond au rapport d'activité d'un taux entre deux températures séparées de 10°C. Dans un but purement descriptif, on utilise également assez souvent des équations polynomiales. Aucun de ces modèles n'est totalement satisfaisant à tous les points de vue. Le choix de l'un ou l'autre dépend essentiellement de sa zone de validité et de l'objectif spécifique de l'étude.

Afin de déterminer si ces tendances correspondaient à des relations significatives et d'examiner s'il n'en existait pas d'autres qui seraient demeurées « cachées », une matrice de corrélation (Tableau III. 1) a été construite. Cette matrice reprend chacune des variables évoquées précédemment ainsi que le rapport P+G+L / MES, le rapport Chlorophylle / MES, les transformations logarithmiques de chacune de ces variables et l'expression $(15 - T)^2$.

		F	Log (F)	T	$(15-T)^2$	Chl	Log (Chl)	MES	Log (MES)	PGL	Log (PGL)	PGL/MES	Log (PGL/MES)
F	r n p												
Log (F)	r n p	sans objet											
T	r n p	-0,231 (33) 0,1958	-0,253 (33) 0,1564										
$(15-T)^2$	r n p	-0,593 (33) 0,0003	-0,726 (33) 0,0000	sans objet									
Chl	r n p	-0,195 (22) 0,3839	-0,157 (22) 0,4867	0,199 (22) 0,3757	-0,181 (22) 0,4192								
Log (Chl)	r n p	-0,063 (22) 0,7794	0,033 (22) 0,8846	0,149 (22) 0,5091	-0,249 (22) 0,2630	sans objet							
MES	r n p	-0,466 (33) 0,0063	-0,415 (33) 0,0164	0,042 (33) 0,8155	-0,254 (33) 0,1540	0,574 (22) 0,0052	0,360 (22) 0,1000						
Log (MES)	r n p	-0,438 (33) 0,0108	-0,372 (33) 0,0333	0,077 (33) 0,6720	-0,260 (33) 0,1444	0,439 (22) 0,0408	0,303 (22) 0,1708	sans objet					
PGL	r n p	-0,440 (10) 0,2036	-0,440 (10) 0,2033	-0,246 (10) 0,4931	-0,192 (10) 0,5952	0,223 (10) 0,5367	0,234 (10) 0,5154	0,862 (10) 0,0013	0,874 (10) 0,0010				
Log (PGL)	r n p	-0,437 (10) 0,2068	-0,394 (10) 0,2606	-0,288 (10) 0,4201	0,270 (10) 0,4508	0,224 (10) 0,5346	0,231 (10) 0,5200	0,887 (10) 0,0006	0,934 (10) 0,0010	sans objet			
PGL/MES	r n p	0,192 (10) 0,5955	0,146 (10) 0,6873	0,248 (10) 0,4895	0,490 (10) 0,1509	0,417 (10) 0,2302	0,405 (10) 0,2456	sans objet	sans objet	sans objet	sans objet		
Log (PGL/MES)	r n p	0,254 (10) 0,4786	0,199 (10) 0,5813	0,146 (10) 0,6874	0,413 (10) 0,2352	0,448 (10) 0,1946	0,473 (10) 0,1671	sans objet	sans objet	sans objet	sans objet	sans objet	
Chl/MES	r n p	0,026 (22) 0,9087	0,096 (22) 0,6706	0,103 (22) 0,6493	0,208 (22) 0,3536	sans objet	sans objet	sans objet	sans objet	-0,469 (10) 0,1719	-0,466 (10) 0,1750	sans objet	sans objet
Log (Chl/MES)	r n p	0,201 (22) 0,3694	0,251 (22) 0,2600	-0,019 (22) 0,9346	0,036 (22) 0,8745	sans objet	sans objet	sans objet	sans objet	0,510 (10) 0,1319	-0,557 (10) 0,0942	sans objet	sans objet

Tableau III. 1 : Matrice de corrélation utilisant les différentes variables mesurées au cours des expériences conduites avec *E. affinis* dans l'estuaire de la Gironde. r : Corrélation, n : Nombre d'observations, p : Probabilité, F : Fécondité, T : Température, Chl : Concentration en chlorophylle a, PGL : Concentration en protéines, glucides et lipides, MES : Concentration en matières en suspension. Les cases encadrées de traits épais correspondent à des corrélations significatives.

La concentration en oxygène et la salinité n'ont pas été utilisées car les valeurs de ces deux variables n'ont pas été très différentes d'une expérience à l'autre.

Les rapports P+G+L / MES et Chl / MES ont été ajoutés car ils donnent une approche plus qualitative de l'environnement nutritionnel des copépodes que les concentrations non relativisées en P+G+L ou en Chlorophylle a.

Enfin, l'expression $(15 - T)^2$ a été ajouté en raison de l'apparente similitude entre la répartition des valeurs de fécondité en fonction de la température et une courbe bêta. En effet, une linéarisation de ce type de relation est un préalable nécessaire au calcul de corrélation utilisé. Sur la base des résultats obtenus en laboratoire par Poli (1982) ainsi que par Escaravage et Soetaert (1993) et compte tenu de l'aspect général de la figure III. 2. A, on peut considérer 15°C comme une température optimale plausible pour la fécondité d'*E. affinis*. A partir de cette observation, une linéarisation a été obtenue en exprimant le logarithmique de la fécondité (F) en fonction du carré de la différence entre la température d'incubation (T) et la température supposée optimale de 15°C. On aboutit ainsi à l'expression $[\text{Log}(F) = a(15-T)^2 + b]$, d'où l'emploi de $(15-T)^2$ comme variable de la matrice de corrélation.

A travers cette matrice, on constate que deux seulement des variables envisagées ont été significativement corrélées à la fécondité d'*E. affinis*. Il s'agit de $(15 - T)^2$ d'une part et de la concentration en MES d'autre part (la transformation logarithmique de cette seconde variable n'améliore pas la corrélation). La meilleure corrélation (-0,726) a été trouvée entre $(15 - T)^2$ et le logarithme de la fécondité. La corrélation entre la concentration en MES et la fécondité (-0,466) n'arrive qu'en seconde position. Ces résultats confirment les tendances suggérées par la figure III. 2.

Des corrélations significatives entre la concentration en P+G+L et la concentration en MES ainsi qu'entre la concentration en chlorophylle a et la concentration en MES sont également apparues. Ces corrélations ont été positives et ne semblent pas pouvoir apporter d'explication à la corrélation négative entre concentration en MES et fécondité. Il semble en effet difficilement concevable qu'une augmentation de la quantité de nourriture disponible soit à l'origine d'une baisse de la fécondité des copépodes étudiés.

A l'issue de l'examen de la matrice de corrélation, une analyse de régression multiple est apparue comme l'outil statistique le plus approprié pour tenir compte simultanément de la température et de la concentration en MES dans le contrôle de la fécondité d'*E. affinis*.

Cette analyse a été conduite en utilisant le logarithme de la fécondité en tant que variable dépendante, le carré de la différence entre la température d'incubation et la température optimale en tant que variable indépendante et la concentration en MES (en $mg.l^{-1}$) en tant que seconde variable indépendante. Elle aboutit à l'équation suivante :

$$\text{Log (F)} = 0{,}780 - 1{,}20.10^{-2} (15-T)^2 - 8{,}78.10^{-4} \text{ MES} \quad \text{(Equation 1)}$$

Cette équation est hautement significative, globalement comme pour chacun de ses coefficients (Tableau III. 2). Elle explique plus de 90% des variations de la fécondité d'*E. affinis* dans l'estuaire de la Gironde.

	Valeur du Coefficient	Erreur standard	valeur de t	Niveau de signification
Constante	$7{,}80.10^{-1}$	$0{,}40.10^{-1}$	19,68	p < 0,001
$(15-T)^2$	$-1{,}20.10^{-2}$	$0{,}08.10^{-2}$	-15,67	p < 0,001
MES ($mg.l^{-1}$)	$-8{,}78.10^{-4}$	$0{,}78.10^{-4}$	-11,30	p < 0,001
$r^2 = 0{,}904$; p < 0,001 ; n = 33				

Tableau III. 2 : *E. affinis*. Résultats de la régression multiple entre le logarithme de la fécondité (variable dépendante), la concentration en MES (variable indépendante) et le carré de la différence entre la température d'incubation et la température optimale (variable indépendante), limitée aux données de la Gironde.

Compte tenu de son aspect tridimensionnel et par soucis de clarté, deux figures illustrent cette équation. La première (Fig. III. 3. A) reprend les données de fécondité en fonction de la température sans la composante liée aux concentrations en MES. La seconde (Fig. III. 3. B) reprend les données de fécondité cette fois en fonction de la concentration en MES et sans la composante liée à la température.

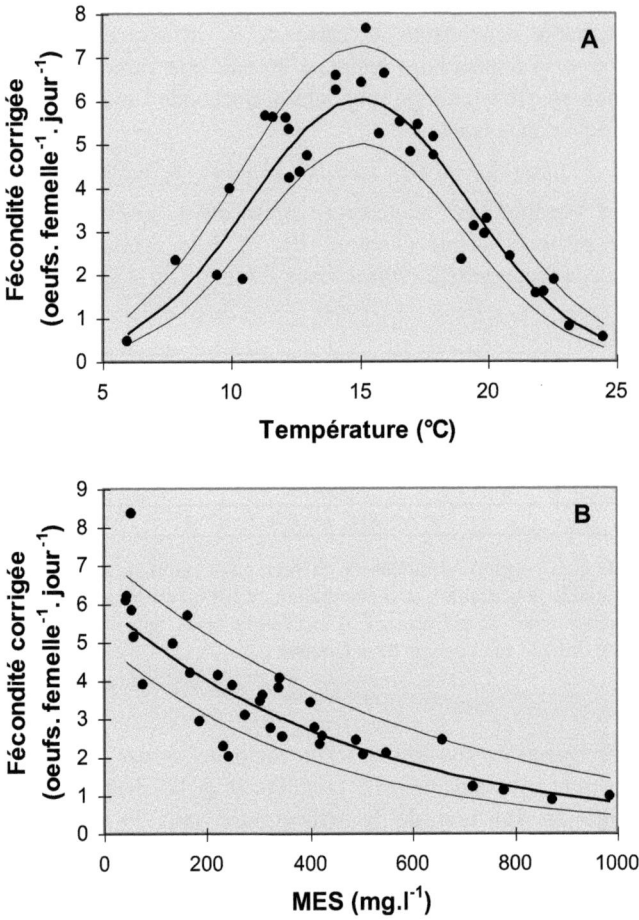

Figure III. 3 : *E. affinis.* Illustration de la régression multiple entre la fécondité, la concentration en MES et la température dans l'estuaire de la Gironde. Le panneau A représente les valeurs de fécondité, sans la composante liée à la concentration en MES, en fonction de la température. Le panneau B représente les valeurs de fécondité, sans la composante liée à la température, en fonction de la concentration en MES. Les lignes continues correspondent à la partie visible de la surface de régression. Les lignes discontinues correspondent à l'intervalle de confiance pour $\alpha=0,05$.

Fécondité d'E. affinis dans l'Elbe, l'Escaut et la Gironde

<u>Remarque</u> : *En 1993 comme en 1994, les échantillonnages et les mesures ont été réalisés dans un laps de temps inférieur à 30 jours. Cependant, des écarts de température relativement importants d'un estuaire à l'autre n'ont pu être évités. Ils ont interféré avec l'objectif initial d'une comparaison interestuarienne sur la seule base des ressources nutritives.*

Les mesures effectuées aux printemps 1993 et 1994 dans les estuaires de l'Elbe, de l'Escaut et de la Gironde sont regroupées dans le tableau III. 3.

Estuaire	Date	Fécondité (oeufs.fem^{-1}. j^{-1})	Err. Std	Temp (°C)	Salinité (‰)	MES (mg.l^{-1})	Chl a (µg.l^{-1})	P+G+L (µg.l^{-1})	Oxygène (%)
Elbe	23/04/93	2,53	0,50	9,1	4,0	160	1,18	3027	>90%
	06/04/94	1,38	0,52	7,8	0,4	19	2,71	---	>90%
	06/04/94	1,05	0,20	7,6	0,5	47	1,35	---	>90%
Escaut	03/05/93	10,71	0,39	14,9	12,7	46	11,03	1121	>75%
	25/04/94	4,39	0,54	11,6	10,0	105	9,14	---	>75%
Gironde	14/04/93	2,44	0,41	13,0	3,8	325	4,61	1535	>90%
	15/04/94	1,68	0,42	9,5	0,3	78	2,60	---	>90%
	15/04/94	2,84	0,20	10,0	1,5	165	2,14	---	>90%
	15/04/94	1,14	0,13	10,5	1,5	245	1,56	---	>90%

Tableau III. 3 : Fécondité d'*E. affinis* dans les estuaires de l'Elbe, de l'Escaut et de la Gironde, aux printemps 1993 et 1994 et valeurs des variables environnementales au début des incubations, dans les enceintes expérimentales, exception faite des valeurs de P+G+L qui ont été mesurées par D. Burdloff (Département de Géologie et d'Océanographie de l'Université Bordeaux I) aux mêmes stations et dans des conditions hydrologiques similaires mais à quelques jours d'intervalle.

Les plus fortes valeurs de fécondité ont toujours été rencontrées dans l'estuaire de l'Escaut. Pour les deux années, cet estuaire a également réuni les températures les plus proches du preferendum thermique d'*E. affinis*, les concentrations en chlorophylle a les plus élevées et des concentrations en MES relativement faibles. Tous ces éléments paraissent avoir été favorables à une fécondité élevée. Les concentrations en protéines, glucides et lipides particulaires, plus faibles dans cet estuaire que dans les deux autres, ne se traduisent pas par une fécondité plus faible. Enfin, bien que les salinités soient plus élevées dans la zone de l'Escaut où se développe *E. affinis* que dans les autres sites[*] où vit habituellement cette espèce, aucun effet négatif sur la fécondité ne peut leur être attribuées.

---

[*] Généralement, *E. affinis* présente des abondances maximales entre 0,5 et 5,0 ‰ (Castel, 1981). Dans l'Escaut, les conditions d'hypoxie régnant dans la partie amont de l'estuaire repoussent les populations planctoniques vers l'aval et *E. affinis* se trouve ainsi plus abondant dans la zone mesohaline (Bakker et De Pauw, 1975). Cette situation est inhabituelle pour l'espèce mais n'affecte pas son développement.

Plus faibles que dans l'estuaire précédent, les valeurs de fécondité qui ont été mesurées dans l'Elbe et la Gironde s'entremêlent sur une échelle de 1 à 3 oeufs par femelle et par jour. Bien que mesurées au printemps, ces valeurs ne correspondent pas au pic annuel de fécondité qui a eu lieu quelques semaines plus tard dans la Gironde (voir chap. précédent) et qui a probablement été plus tardif dans l'Elbe.

Si l'on observe l'ensemble de ces valeurs en fonction de la température (Fig. III. 4), on constate que la plupart d'entre elles suivent une courbe croissante entre 7,6 et 14,9 °C. Mais on constate également que celles s'écartant nettement de cette courbe ont été trouvées en Gironde et correspondent aux plus fortes teneurs en MES.

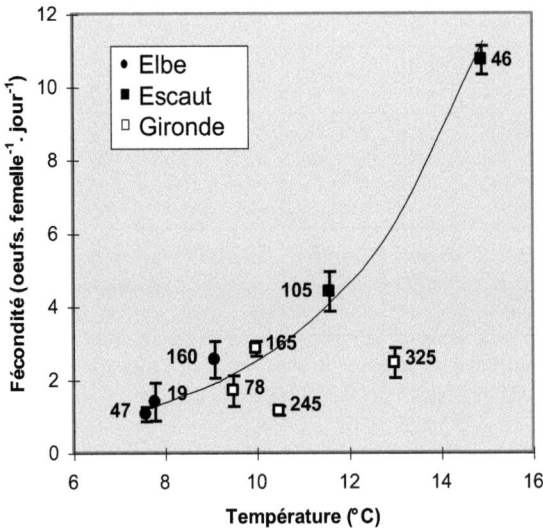

Figure III. 4 : Fécondité d'*E. affinis* dans l'Elbe, l'Escaut et la Gironde, aux printemps 1993 et 1994, en fonction de la température. Les valeurs indiquées près des points correspondent aux concentrations en MES (mg.l^{-1}). La courbe a été calculée par régression linéaire entre le logarithme de la fécondité et la température, uniquement pour des concentrations en MES inférieures ou égales à 165 mg.l^{-1} ($r^2 = 0,95$; n = 7 ; p < 0,001). Les barres verticales indiquent les erreurs standards.

Ainsi, comme ce fut le cas pour expliquer les différences de fécondité d'une saison à l'autre dans la Gironde, au moins deux variables, la température et la concentration en MES, semblent nécessaires pour expliquer les différences de fécondité d'un estuaire à l'autre.

Compte tenu du petit nombre de mesures réalisées dans l'Elbe et l'Escaut, il n'est pas possible d'envisager une comparaison de régression pour estimer si des relations équivalentes unissent ces variables dans les trois milieux.

Par contre, les valeurs obtenues dans l'Elbe et l'Escaut peuvent être comparées à l'intervalle de confiance issu de la régression multiple calculée avec l'ensemble des valeurs de la Gironde dans le chapitre précédant (Fig. III. 5).

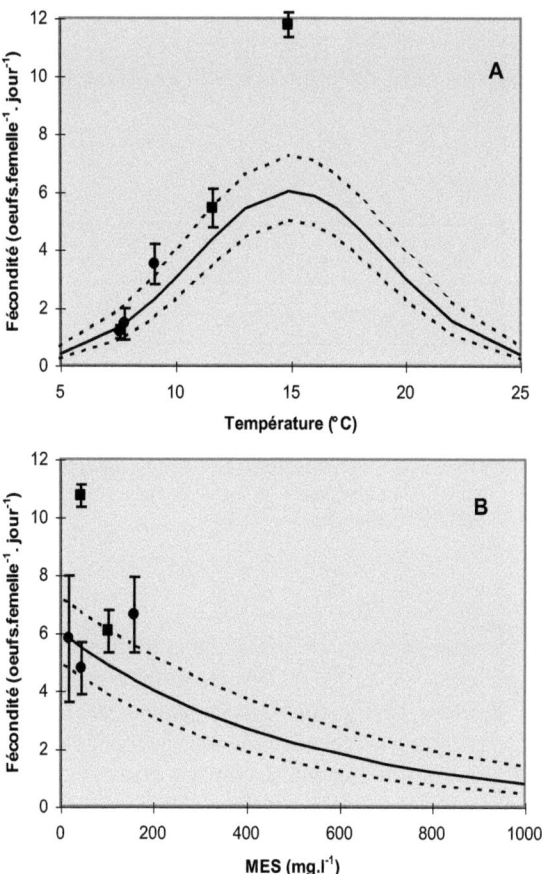

Figure III. 5 : *E. affinis*. Comparaison entre les valeurs de fécondité mesurées dans l'Elbe (cercles pleins) ou dans l'Escaut (carrés pleins) et la régression multiple calculée avec l'ensemble des données de la Gironde (ligne continue). Le panneau A représente les valeurs sans la composante liée au MES, en fonction de la température. Le panneau B représente les valeurs sans la composante liée à la température, en fonction de la concentration en MES. Les lignes discontinues correspondent à l'intervalle de confiance pour $\alpha = 0,05$. Les barres verticales correspondent aux erreurs standards, compte tenu de la suppression d'une composante.

On constate que quatre des cinq mesures réalisées dans l'Elbe et l'Escaut appartiennent à cet intervalle ou en sont très proches. La seule valeur ne lui appartenant pas reste néanmoins en accord avec la tendance générale puisqu'il s'agit d'une valeur élevée, associée à une température jugée optimale et à une faible concentration en MES.

En unissant toutes les données et en calculant une nouvelle régression multiple, on obtient une équation très similaire à la précédente :

$$\text{Log (F)} = 0{,}824 - 1{,}25.10^{-2} (15-T)^2 - 9{,}39.10^{-4} \text{ MES} \qquad \text{(Equation 2)}$$

Les caractéristiques de cette nouvelle équation sont résumées dans le tableau III. 4.

	Valeur du Coefficient	Erreur standard	valeur de t	Niveau de signification
Constante	$8{,}24.10^{-1}$	$0{,}38.10^{-1}$	21,52	$p < 0{,}001$
$(15-T)^2$	$-1{,}25.10^{-2}$	$0{,}08.10^{-2}$	-16;12	$p < 0{,}001$
MES (mg.l^{-1})	$-9{,}39.10^{-4}$	$0{,}77.10^{-4}$	-12,13	$p < 0{,}001$
$r^2 = 0{,}897$; $p < 0{,}001$; $n = 38$				

Tableau III. 4 : *E. affinis*. Résultats de la régression multiple entre le logarithme de la fécondité (variable dépendante), la concentration en MES (variable indépendante) et le carré de la différence entre la température *in situ* et la température optimale (variable indépendante), tous estuaires confondus.

A l'aide de cette équation, on peut comparer l'importance de la température à celle de la concentration en MES dans le contrôle de la fécondité *in situ*. On peut en effet calculer l'amplitude des variations de fécondité pouvant être attribuées à la température indépendamment de la concentration en MES ($\Box F_T$) et l'amplitude des variations de fécondité pouvant être associées à la concentration en MES indépendamment de la température ($\Box F_{MES}$) en faisant varier ces facteurs dans la gamme des valeurs communément rencontrées dans chaque estuaire. Ces amplitudes ont été exprimées en pourcentage d'une fécondité maximale (F_{max}) calculée pour les conditions les plus favorables de chaque site. Les valeurs obtenues, ainsi que les rapports $\Box F_T / \Box F_{MES}$, sont regroupées dans le tableau III. 5.

	F_{max} (oeufs.femelle^{-1}.jour^{-1})	ΔF_T (% de F_{max})	ΔF_{MES} (% de F_{max})	$\Delta F_T / \Delta F_{MES}$
GIRONDE	5,37 (15°C, 100 mg.l^{-1})	94,4 % (6 à 25°C, 100 mg.l^{-1})	85,47 % (15°C, 100 à 1000 mg.l^{-1})	1,10
ELBE	5,60 (15°C, 80 mg.l^{-1})	99,6 % (1 à 20°C, 80 mg.l^{-1})	37,6 % (15°C, 80 à 300 mg.l^{-1})	2,65
ESCAUT	5,97 (15°C, 50 mg.l^{-1})	90,4 % (6 à 20°C, 50 mg.l^{-1})	10,21 % (15°C, 50 à 100 mg.l^{-1})	8,85

Tableau III. 5 : *E. affinis*. Fécondités maximales (Fmax) calculées pour chacun des estuaires étudiés à partir de l'équation 2 (voir texte) et amplitudes des variations pouvant être attribuées à la température indépendamment de la concentration en MES (ΔF_T) ou à la concentration en MES indépendamment de la température (ΔF_{MES}). Les valeurs indiquées entre parenthèses correspondent à celles utilisées pour le calcul.

A partir de ces valeurs, on constate tout d'abord que la température est toujours le facteur ayant l'impact le plus important à une échelle saisonnière. On constate également que l'influence de la température est comparable dans les trois estuaires. Ces observations étaient largement attendues compte tenu des nombreuses références concluant à une prépondérance de ce facteur à cette échelle.

Le rôle de la concentration en MES apparaît nettement plus variable que celui de la température. Dans l'estuaire de la Gironde, milieu où la turbidité peut parfois atteindre des valeurs particulièrement élevées, l'influence de la concentration en MES sur la fécondité d'*E. affinis* semble presque aussi importante que celle de la température. Dans l'Elbe, l'influence de la concentration en MES est manifestement moins importante, l'influence de la température lui étant plus de deux fois supérieure. Enfin, dans l'Escaut ce paramètre présente une influence près de 9 fois plus faible que celle de la température et semble presque négligeable.

Fécondité d'A. bifilosa dans l'estuaire de la Gironde

L'évolution de la fécondité d'*A. bifilosa* dans l'estuaire de la Gironde, au cours des années 1994 et 1995, est représentée sur la figure III. 6. Au mois d'avril 1995, la fécondité s'est avérée non détectable par la méthode utilisée et a été figurée par une valeur de zéro (aucun oeuf n'a été trouvé en présence de 150 femelles). De même, au début du mois de mai 1994, bien que quelques oeufs aient cette fois été trouvés dans certaines enceintes expérimentales, la fécondité n'a pas significativement différé de zéro (test-t de student). Ce n'est qu'à partir de la seconde moitié des mois de mai, en 1994 comme en 1995, que des valeurs de fécondité significatives ont été mesurées.

Les pics les plus important se sont toujours produits au mois de juin (4,6 oeufs par femelle et par jour en 1994 et 5,5 oeufs par femelle et par jour en 1995). Ils ont été suivis par de rapides décroissances durant l'été.

En septembre et octobre 1995, des conditions climatiques et hydrologiques particulières (prolongation de la période d'étiage associée à des températures élevées pour la saison) ont favorisées l'extension de l'espèce et il a été possible de mesurer la fécondité en deux points de l'estuaire (aux points F et E, alors que durant les autres campagnes seules des mesures au point F ont été possibles). Au point le plus amont (point E), la fécondité a continué sa décroissance jusqu'à atteindre une valeur proche de zéro en novembre, comme se fut le cas en 1994. Par contre, au point le plus aval (point F), un second pic est apparu en octobre, approchant même la valeur atteinte en juin.

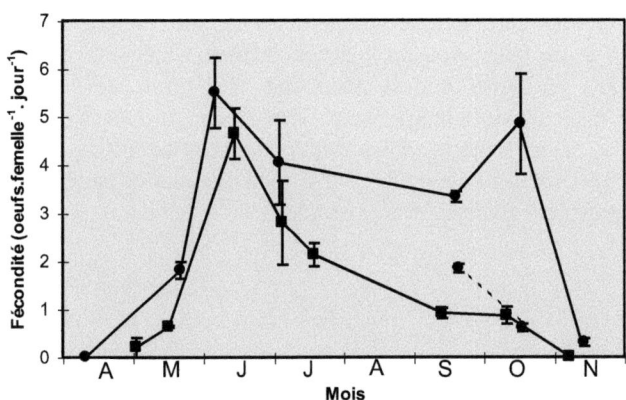

Figure III. 6 : Fécondité du copépode *A. bifilosa* dans l'estuaire de la Gironde entre les mois d'avril et de novembre. Les carrés pleins correspondent aux valeurs de 1994, les cercles pleins aux valeurs de 1995. Les traits continus relient les valeurs obtenues au point le plus en aval (point F), le trait discontinu relie les valeurs obtenues au point le plus amont (point E), lorsque des mesures y furent possibles (septembre et octobre 1995). Les barres verticales correpondent aux erreurs standards.

Aucune des variables environnementales mesurées n'a semblé pouvoir expliquer à elle seule et d'une manière simple les variations de fécondité d'une saison à l'autre (Fig. III. 7). La fécondité d'*A. bifilosa* n'a semblé liée ni au pourcentage de saturation en oxygène (toujours supérieur à 75 %, non figuré), ni à la salinité (entre 5,1 et 21,2 ‰, non figuré), ni à la concentration en protéines, glucides et lipides (Fig. III. 7. D). De même, aucune relation claire entre la fécondité et la concentration en chlorophylle a (comprise entre 0,62 et 9,20 µg.l^{-1}) n'est apparue (Fig. III. 7. B).

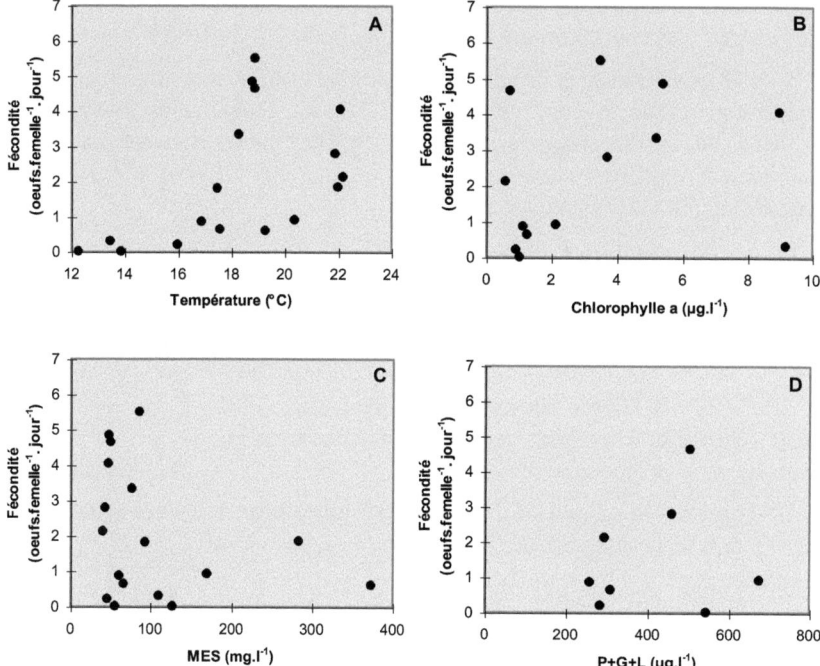

Figure III. 7 : *A. bifilosa*. Fécondité en fonction de la température (A), de la concentration en chlorophylle a (B), de la concentration en MES (C) et de la concentration en protéines, glucides et lipides (D) au début des incubations conduites dans l'estuaire de la Gironde. Les graphiques B et D ne comptent que 13 et 8 points respectivement contre 17 pour les graphiques A et C car les concentrations en P+G+L et en chlorophylle n'ont pu être mesurées au cours de toutes les campagnes.

Quelques tendances peuvent toutefois être remarquées. En fonction de la température tout d'abord, des fécondités relativement élevées (> 2 oeufs par femelle et par jour) n'ont été observées que pour des températures comprises entre 18 et 22°C et aucune valeur supérieure à 2 oeufs par femelle et par jour n'a été rencontrée en dehors de cet intervalle. Cette tendance semble indiquer une zone de preferendum thermique pour *A. bifilosa*. Cependant, deux valeurs particulièrement faibles (< 1 oeuf par femelle et par jour) sont apparues aux alentours de 20°C (Fig. III. 7. A).

Parallèlement, on peut constater qu'en fonction de la concentration en MES (Fig. III. 7. C), les valeurs de fécondité ont été très dispersées pour des concentrations en MES relativement faibles (< 100 mg.l^{-1}) mais n'ont jamais été élevées pour des concentrations en MES importantes (> 100 mg.l^{-1}).

Ces répartitions pourraient être liées aux influences simultanées de la température et de la concentration en MES. La température pourrait être à l'origine de la dispersion des points pour de faibles teneurs en MES et inversement, de fortes teneurs en MES pourraient être à l'origine des valeurs de fécondité faibles aux alentours de 20°C.

Si l'on examine à nouveau la fécondité d'*A. bifilosa* en fonction de la température mais en écartant les points correspondant aux concentrations en MES supérieures à 100 mg.l^{-1}, on constate en effet que la tendance à des fécondités plus élevées entre 18 et 22°C est beaucoup plus claire (Fig. III. 8). La répartition des points ainsi sélectionnés suggère alors, comme dans le cas d'*E. affinis*, une courbe bêta. Sur la base des propositions de Castel (1981) et de l'aspect général de la figure III. 8, on peut considérer 20°C comme une température optimale plausible pour la fécondité d'*A. bifilosa*.

Un calcul de régression, entrepris après une linéarisation comparable à celle décrite dans le cas d'*E. affinis*, aboutit alors à l'équation suivante :

$$\text{Log (F)} = 7{,}78.10^{-1} - 9{,}44.10^{-2} (20\text{-T})^2 \quad \text{(équation 3)}$$
$$(r^2 = 0{,}867 \; ; \; n = 11 \; ; \; p < 0{,}001)$$

A travers l'examen d'une matrice de corrélation équivalente à celle présenté dans le cas d'*E. affinis* (Tableau III. 6), le rapport P+G+L / MES, s'est avéré être la seule variable autre que la température à être significativement corrélée à la fécondité d'*A. bifilosa* (r = 0,858 ; n = 8 ; p = 0,006). La relation associée à cette corrélation (Fig. III. 9) n'est pas équivalente à celle que l'on peut obtenir avec le rapport 1 / MES. Elle suggère donc que les deux variables que sont la concentration en P+G+L d'une part et la concentration en MES d'autre part pourraient intervenir, conjointement ou distinctement, dans le contrôle de la fécondité.

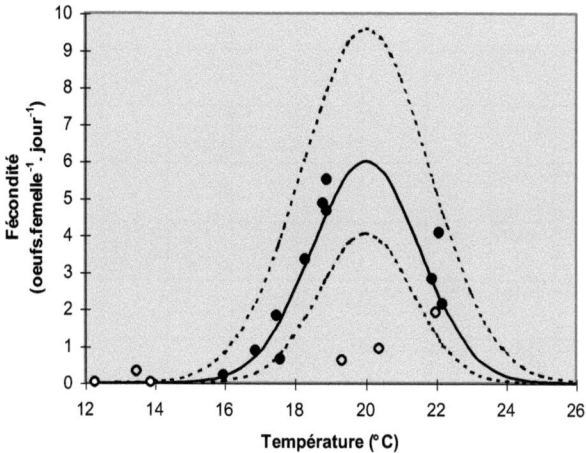

Figure III. 8 : *A. bifilosa*. Fécondité en fonction de la température dans l'estuaire de la Gironde. La ligne continue correspond à une régression linéaire entre le logarithme de la fécondité et $(20-T)^2$. Les cercles vides correspondent à des teneurs en MES supérieures à 100 mg.l^{-1} et ont été écartés de la régression. Les valeurs de fécondité nulles (cercles blancs) sont incompatibles avec le mode de calcul choisi et n'ont pas été utilisées. Les lignes discontinues correspondent à l'intervalle de confiance pour $\alpha = 0{,}05$.

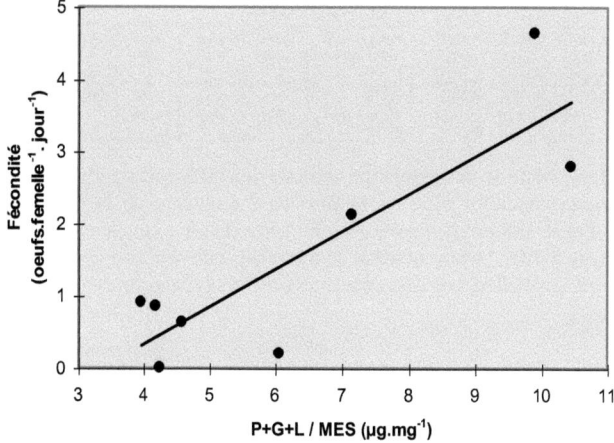

Figure III. 9 : *A. bifilosa*. Fécondité en fonction du rapport P+G+L / MES dans l'estuaire de la Gironde. La droite illustre la régression entre ces deux variables.

		F	Log (F)	T	$(15-T)^2$	Chl	Log (Chl)	MES	Log (MES)	PGL	Log (PGL)	PGL/MES	Log (PGL/MES)
F	r												
	n												
	p												
Log (F)	r	sans											
	n	objet											
	p												
T	r	**0,5297**	**0,5892**										
	n	(17)	(15)										
	p	0,0228	0,0208										
$(20-T)^2$	r	**-0,5707**	**-0,6183**	sans									
	n	(17)	(15)	objet									
	p	0,0167	0,0140										
Chl	r	0,2635	0,1263	0,0110	0,2074								
	n	(13)	(12)	(13)	(13)								
	p	0,3844	0,6958	0,9715	0,4965								
Log (Chl)	r	0,3344	0,2126	0,0561	0,0689	sans							
	n	(13)	(12)	(13)	(13)	objet							
	p	0,2640	0,5071	0,8556	0,8230								
MES	r	-0,2948	-0,2582	0,1547	-0,1412	0,0220	0,1026						
	n	(17)	(15)	(17)	(17)	(13)	(13)						
	p	0,2508	0,3528	0,5532	0,5887	0,9432	0,7387						
Log (MES)	r	-0,3353	-0,2771	0,0203	-0,0514	0,0628	0,1471	sans					
	n	(17)	(15)	(17)	(17)	(13)	(13)	objet					
	p	0,1882	0,3174	0,9385	0,8448	0,8385	0,6316						
PGL	r	0,1658	0,377	0,0996	0,0192	0,3688	**0,4140**	**0,7707**	**0,7193**				
	n	(8)	(7)	(8)	(8)	(8)	(8)	(8)	(8)				
	p	0,6948	0,4044	0,8145	0,9640	0,3686	0,3079	0,0252	0,0443				
Log (PGL)	r	0,2255	0,4445	0,1058	0,0356	0,3889	0,4161	**0,7079**	**0,6600**	sans			
	n	(8)	(7)	(8)	(8)	(8)	(8)	(8)	(8)	objet			
	p	0,5913	0,3177	0,8031	0,9333	0,3410	0,3052	0,0494	0,0749				
PGL/MES	r	**0,8586**	**0,6977**	0,5455	-0,3973	0,3401	0,1283	sans	sans	sans	sans		
	n	(8)	(7)	(8)	(8)	(8)	(8	objet	objet	objet	objet		
	p	0,0063	0,0813	0,1620	0,3297	0,4097	0,7621						
Log (PGL/MES)	r	**0,8347**	**0,6507**	0,5385	-0,3839	0,2682	0,0483	sans	sans	sans	sans	sans	
	n	(8)	(7)	(8)	(8)	(8)	(8	objet	objet	objet	objet	objet	
	p	0,0099	0,1135	0,1686	0,3479	0,5207	0,9095						
Chl/MES	r	0,4464	0,3605	0,3258	-0,0896	sans	sans	sans	sans	-0,0058	0,0514	sans	sans
	n	(13)	(12)	(13)	(13)	objet	objet	objet	objet	(8)	(8)	objet	objet
	p	0,1263	0,2497	0,2773	0,7709					0,9891	0,9038		
Log (Chl/MES)	r	0,4954	0,3439	-0,2683	-0,1245	sans	sans	sans	sans	-0,2007	-0,1531	sans	sans
	n	(13)	(12)	(13)	(13)	objet	objet	objet	objet	(8)	(8)	objet	objet
	p	0,0852	0,2738	0,3755	0,6853					0,6336	0,7174		

Tableau III. 6 : Matrice de corrélation utilisant les différentes variables mesurées au cours des expériences conduites avec *A. bifilosa* dans l'estuaire de la Gironde. r : Corrélation, n : Nombre d'observations, p : Probabilité, F : Fécondité, T : Température, Chl : Concentration en chlorophylle a, PGL : Concentration en protéines, glucides et lipides, MES : Concentration en matières en suspension. Les cases encadrées de traits épais correspondent à des corrélations significatives.

Bien que la fécondité d'*A. bifilosa* ait semblé répondre aux actions simultanées de plusieurs facteurs, il n'a pas été possible d'entreprendre un calcul de régression multiple. Le nombre de mesure s'est en effet avéré insuffisant vis à vis du nombre de relations possibles.

Fécondité d'A. bifilosa dans les estuaires de Mundaka et de la Gironde

Les valeurs de fécondité obtenues dans l'estuaire de Mundaka (Fig. III. 10) se sont avérées bien plus élevées que celles obtenues dans l'estuaire de la Gironde. En effet, dans cet estuaire la fécondité d'*A. bifilosa* a parfois dépassé 30 oeufs par femelle et par jour et n'est jamais descendue en dessous de 6 oeufs par femelle et par jour alors que dans l'estuaire de la Gironde, aucune valeur dépassant 5,5 oeufs par femelle et par jour n'a été rencontrée.

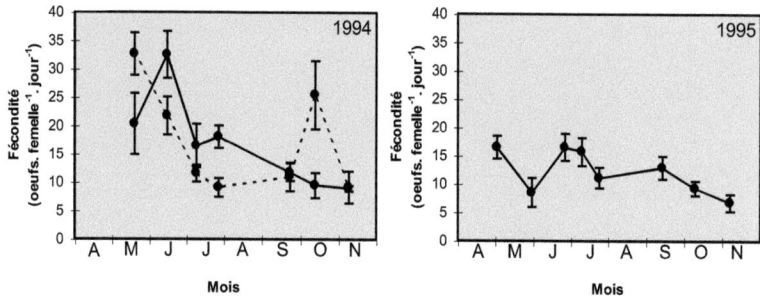

Figure III. 10 : Fécondité du copépode *A. bifilosa* dans l'estuaire de Mundaka entre les mois d'avril et de novembre des années 1994 (à droite) et 1995 (à gauche). Les traits continus relient les valeurs obtenues à l'aide d'incubations conduites *in situ*, les traits discontinus relient les valeurs obtenues à l'aide d'incubations conduites à terre. Les barres verticales correspondent aux erreurs standard.

Les évolutions de la fécondité d'*A. bifilosa* dans l'estuaire de Mundaka ont néanmoins présenté quelques similitudes avec celles qui ont été rencontrées dans l'estuaire de la Gironde. En 1994 tout d'abord, des valeurs de fécondité élevées sont apparues à la fin du printemps (mai et juin) et ces valeurs élevées ont, comme dans la Gironde, été suivies par un déclin graduel jusqu'en automne. Par ailleurs, un pic secondaire n'est apparu qu'une fois, à l'occasion d'incubations conduites à terre. Or, un pic secondaire n'a pas été rencontré de manière systématique dans la Gironde. En 1995, aucun pic printanier n'a été remarqué mais un déclin de la fécondité entre juin et novembre a bien été observé.

Ainsi, la fécondité d'*A. bifilosa* semble présenter des variations saisonnières relativement similaires dans les deux estuaires mais à des échelles très différentes.

En fonction des différentes variables environnementales mesurées, la fécondité d'*A. bifilosa* dans l'estuaire de Mundaka a présenté des tendances comparables à celles observées dans le cas de la Gironde (Fig. III. 11).

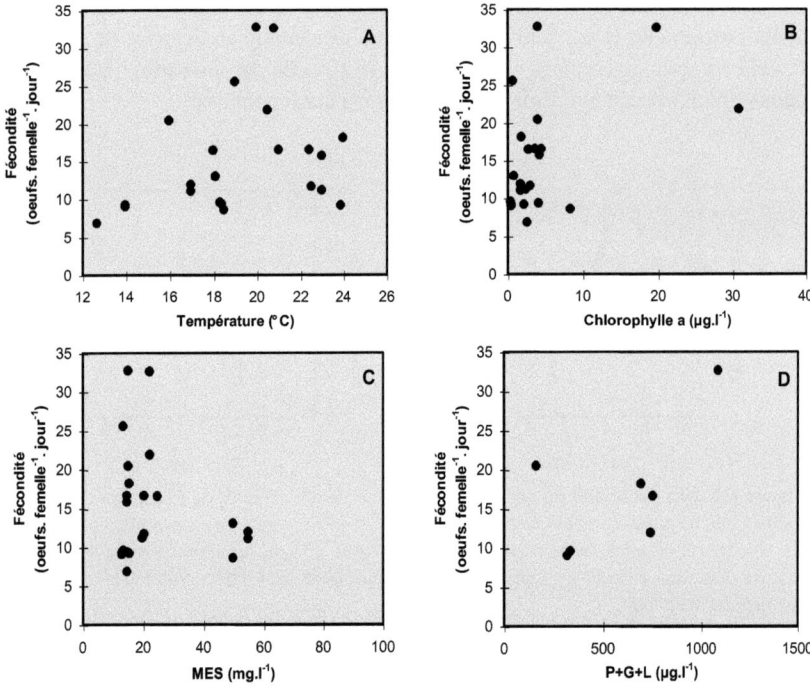

Figure III. 11 : *A. bifilosa*. Fécondité en fonction de la température (A), de la concentration en chlorophylle a (B), de la concentration en MES (C) et de la concentration en protéines, glucides et lipides (D) au début des incubations conduites dans l'estuaire de Mundaka. Le graphique D ne compte que 7 points contre 22 pour les graphiques A, B et C car les concentrations en P+G+L n'ont pu être mesurées au cours de toutes les campagnes.

Du point de vue de la température (Fig. III. 11. A), la fécondité a semblé croître jusqu'à 20°C puis décroître pour des valeurs plus élevées, cette tendance étant cette fois assez claire. Après une linéarisation des données identique à celle déjà exposée pour la Gironde et un calcul de régression simple, on obtient l'équation suivante :

$$\text{Log (F)} = 1{,}28 - 9{,}42.10^{-2} (20\text{-T})^2 \qquad \text{(équation 4)}$$
$$(r^2 = 0{,}510 \ ; n = 19 \ ; p < 0{,}001)$$

Cette équation est illustrée sur la figure III. 12. On peut noter que la pente obtenue ici ($9{,}42.10^{-2}$) ne diffère pas significativement (ANCOVA, $p > 0{,}05$) de celle obtenue avec les données de la Gironde ($9{,}44.10^{-2}$).

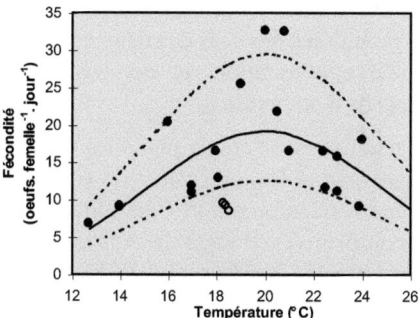

Figure III. 12 : *A. bifilosa*. Fécondité en fonction de la température dans l'estuaire de Mundaka. La ligne continue correspond à une régression linéaire entre le logarithme de la fécondité et $(20-T)^2$. Les points symbolisés par des cercles vides ont été écartés de la régression. Les lignes discontinues correspondent à l'intervalle de confiance pour $\alpha = 0,05$.

Du point de vue des MES (Fig. III. 11. C), on peut distinguer deux groupes de points. Le premier groupe se situe aux alentours de 20 mg.l^{-1} alors que le second se situe aux environs de 50 mg.l^{-1}. C'est au sein du premier que l'on trouve les valeurs de fécondité les plus élevées (jusqu'à 32,6 oeufs par femelles et par jours) alors que les valeurs de fécondité du second sont faibles en comparaison (12,9 oeufs par femelle et par jour au maximum). Cette situation rappelle les tendances évoquées dans le cas de la Gironde. Un affaiblissement de la fécondité pour des concentrations croissantes en MES pourrait s'être combiné à une dispersion verticale liée à un effet de la température.

La tendance à une augmentation de la fécondité pour des valeurs croissantes du rapport P+G+L / MES qui a été observée dans l'estuaire de la Gironde, n'a pas été significative (p = 0,18) dans l'estuaire de Mundaka (Fig. III. 13). On notera toutefois que le petit nombre de mesure (7) et l'étroitesse de l'échelle d'observation rendent une telle tendance difficilement détectable.

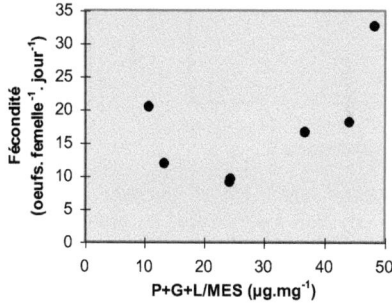

Figure III. 13 : *A. bifilosa*. Fécondité en fonction du rapport P+G+L / MES dans l'estuaire de Mundaka.

D'ailleurs, les différentes tendances évoquées apparaissent nettement plus clairement lorsque l'on unit les données des deux estuaires, cette union conduisant non seulement à une augmentation du nombre de points mais aussi à un élargissement de l'échelle d'observation.

Parmi les différentes corrélations possibles entre la fécondité d'*A. bifilosa* (F) dans les deux estuaires et les indicateurs de l'environnement nutritionnel qui ont été mesurés (après transformation logarithmique ou non), deux se sont avérées hautement significatives. Il s'agit de celle unissant Log (P+G+L / MES) et Log (F) d'une part ($r = 0,852$; $n = 14$; $p < 0,001$) et de celle unissant Log(MES) et Log(F) d'autre part ($r = -0,718$; $n = 37$; $p < 0,001$). Les relations correspondantes sont illustrées par les figures III. 14. A et III. 14. B respectivement et peuvent être décrites par les équations suivantes :

$$\text{Log (F)} = -1,04 + 1,51 \cdot \text{Log (P+G+L / MES)} \quad \text{(équation 5)}$$
$$(r^2 = 0,727 \ ; \ n = 14 \ ; \ p < 0,001)$$

$$\text{Log (F)} = 2,41 - 1,06 \cdot \text{Log(MES)} \quad \text{(équation 6)}$$
$$(r^2 = 0,516 \ ; \ n = 37 \ ; \ p < 0,001)$$

Les autres corrélations possibles n'ont pas été significatives au seuil $\alpha = 0,05$ et n'ont donc pas été retenues.

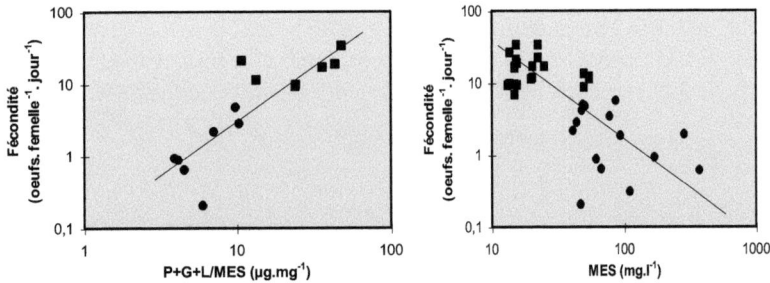

Figure III. 14 : *A. bifilosa*. Fécondité en fonction du rapport P+G+L/MES (A) et de la concentration en MES (B) dans les estuaires de Mundaka (carrés pleins) et de la Gironde (ronds pleins). Les droites de régression (traits continus) ont été établies à partir de l'ensemble des points.

Afin de comparer l'importance du facteur température à celle du facteur concentration en MES, l'amplitude des variations de fécondité associées aux variations de température indépendamment de la concentration en MES (ΔF_T) ou associées aux variations de concentration en MES indépendamment de la température (ΔF_{MES}) ont été calculées comme dans le cas d'*E. affinis* mais cette fois à l'aide des équations 3, 4 et 6. Les valeurs obtenues, ainsi que les rapports $\Delta F_T/\Delta F_{MES}$, sont regroupés dans le tableau III. 7.

	F_{max} (oeufs.femelle^{-1}.jours^{-1})	ΔF_T (% de F_{max})	ΔF_{MES} (% de F_{max})	$\Delta F_T/\Delta F_{MES}$
GIRONDE	5,15 (20°C, 40 mg.l^{-1})	~100% (6 à 25°C, 40 mg.l^{-1})	91,4% (20°C, 40 à 400 mg.l^{-1})	1,09
MUNDAKA	22,38 (20°C, 10 mg.l^{-1})	~100% (7 à 28°C, 10 mg.l^{-1})	81,8% (20°C, 10 à 50 mg.l^{-1})	1,22

Tableau III. 7 : *A. bifilosa*. Fécondités maximales (Fmax) calculées pour chacun des estuaires étudiés à partir des équations 3, 4 et 6 (voir texte) et amplitudes des variations pouvant être attribuées à la température indépendamment de la concentration en MES ($\Box F_T$) ou à la concentration en MES indépendamment de la température ($\Box F_{MES}$). Les valeurs indiquées entre parenthèses correspondent à celles utilisées pour le calcul.

On constate encore une fois qu'à une échelle saisonnière, la température est la source de variation la plus importante dans les deux estuaires. Le taux de réduction susceptible d'être engendré par ce facteur atteint quasiment 100 %, chiffre qui s'accorde avec l'arrêt hivernal de la reproduction pour cette espèce.

A. bifilosa semble par ailleurs particulièrement sensible à la concentration en particules, aussi bien dans le milieu très turbide que constitue la Gironde que dans l'estuaire de Mundaka où les concentrations en MES sont pourtant bien plus faibles et nettement moins variables. Cette observation est à mettre en relation avec la pente de la relation entre la concentration en MES et la fécondité, très abrupte pour de faibles valeurs de MES puis plus douce pour des concentrations en MES plus élevées. Dans l'estuaire de la Gironde comme dans celui de Mundaka, la concentration en MES semble jouer un rôle quasiment aussi important que la température à une échelle saisonnière.

III. 4) Discussion

Comparaison entre les données obtenues et celles de la littérature

Les variations saisonnières de la fécondité observées chez *E. affinis* au cours de cette études concordent avec les données disponibles à ce sujet dans la littérature (Feurtet, 1989 ; Hirche, 1992). Toutes décrivent, en effet, un pic printanier, un affaiblissement estival et une reprise modérée en automne avant le repos hivernal. Les effectifs de cette espèce suivent généralement une évolution de ce type (Bakker et De Pauw, 1975 ; Castel, 1993). Si l'on considère les effectifs comme un reflet de l'activité reproductrice (Castel et Feurtet, 1985), cette observation consolide également les résultats obtenus.

La validité des valeurs de fécondité et des relations entre la fécondité, la température et la concentration en MES semble également pouvoir être confirmée par les résultats d'autres auteurs (Fig. III. 15). En effet, les valeurs de fécondité issues[*] des travaux de Peitsch (1992) dans l'estuaire de l'Elbe et d'Escaravage et Soetaert (1993) dans l'estuaire de l'Escaut, s'insèrent dans un intervalle établi à partir de l'équation 2 (voir résultats) et de deux concentrations en MES (0 et 300 mg.l^{-1}) encadrant celles généralement rencontrées dans les estuaires concernés (voir chap. II. 6).

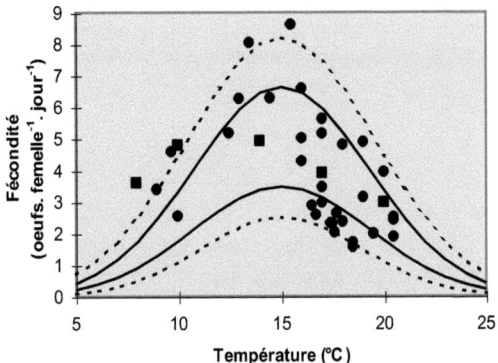

Figure III. 15 : *E. affinis*. Valeurs de fécondité estimées à partir des résultats de Peitsch (1992) dans l'estuaire de l'Elbe (cercles pleins) et d'Escaravage et Soetaert (1993) dans l'estuaire de l'Escaut (Carrés pleins), en fonction de la température. Les lignes continues correspondent aux valeurs de fécondité données par l'équation 2 (voir texte), pour des concentrations en MES de 0 mg.l^{-1} (ligne du haut) et de 300 mg.l^{-1} (ligne du bas). Les lignes discontinues correspondent aux limites de l'intervalle de confiance pour $\alpha=0,05$.

---

[*] Les données disponibles dans le travail de Peisch (1992) sont : le nombre d'oeufs produits par litre et par jour, le nombre d'adultes par litre, le pourcentage de femelles et la température. Les données disponibles dans le travail d'Escaravage et Soetaert (1993) sont : le poids sec des oeufs produits par unité de poids de femelle et par jour, le poids sec des femelles et la température. Le poids sec d'un oeuf a été estimé par ces mêmes auteurs à 0,23 µg (Escaravage, comm.pers.). Dans les deux cas, la combinaison des données disponibles permet le calcul de la fécondité en oeufs par femelle et par jour en fonction de la température.

A notre connaissance, il n'existe pas de données sur la fécondité d'*A. bifilosa* dans la littérature qui pourraient être directement comparées à celles présentées dans cette étude. On peut toutefois remarquer que les variations saisonnières de la fécondité de cette espèce correspondent assez bien à l'évolution de ses effectifs. Le pic de juin devance en effet de peu son maximum d'abondance qui est généralement constaté début juillet (Castel, 1993). De même, les valeurs de fécondité plus faibles en été coïncident avec une diminution sensible des effectifs. Enfin, les valeurs de fécondité quasiment nulles d'avril et de novembre précèdent ou succèdent à la période hivernale durant laquelle *A. bifilosa* est très peu représentée dans l'estuaire.

On peut également constater que les valeurs de fécondité mesurées dans l'estuaire de Mundaka sont tout à fait comparables à celles annoncées par différents auteurs pour d'autres espèces de copépodes *Acartidae* (Corkett et Zillioux, 1975 ; Dagg, 1977 ; Landry, 1978 ; Trujillo Ortiz, 1990 ; White et Roman,1992). Par contre, les valeurs observées dans l'estuaire de la Gironde paraissent extrêmement faibles en comparaison. Des valeurs de cet ordre n'ont été signalées pour des copépodes *Acartidae* que dans conditions nutritives limitantes (Durbin *et al.*, 1992; Jónasdóttir, 1994). On peut donc supposer que les conditions nutritionnelles de l'estuaire de la Gironde ne sont pas favorables à *A. bifilosa*.

Effet de la température

Dans le cas d'*E. affinis* comme dans celui d'*A. bifilosa*, la température a été le facteur de l'environnement le plus clairement corrélé à la fécondité au cours de cette étude. Pour les deux espèces la relation unissant ces deux variables n'a pas été linéaire. Elle s'est au contraire apparentée à une courbe bêta dont les caractéristiques (abscisse et ordonnée du sommet, étendue) furent différentes selon l'espèce considérée. Cette observation n'est pas sans précédents. Des expériences de laboratoire ont en effet montré que les fécondités d'*A. clausi* et d'*A. steuri* (Uye, 1981), d'*A. tonsa* (Heinle, 1969 ; Ambler, 1982) et d'*E. affinis* (Poli, 1982) augmentaient jusqu'à une température optimale puis déclinaient pour des températures plus élevées. A notre connaissance, cette observation n'avait cependant jamais été faite *in situ* pour les deux espèces étudiées.

L'augmentation de la fécondité avec la température est un phénomène bien connu chez beaucoup d'organismes poïkilothermes. Par contre, le déclin dès 15°C chez *E. affinis* et à partir d'une vingtaine de degrés *chez A. bifilosa* peut donner lieu à plusieurs hypothèses.

Selon Bradley (1975) la raréfaction d'*E. affinis* communément observée durant les mois d'été serait en désaccord avec la gamme de tolérance thermique de cette espèce et il attribue le déclin des effectifs à la prédation et à la compétition interspécifiques. On peut donc imaginer qu'un phénomène équivalent soit à l'origine de l'affaiblissement de la fécondité. Cependant, s'il est vrai que dans le milieu naturel, les copépodes estuariens doivent faire face à un nombre croissant de prédateurs et de compétiteurs durant l'été (Heinle et Flemer, 1975 ; Christiansen, 1988 ; Feurtet, 1989) ce ne fut pas le cas dans les enceintes expérimentales car ils en furent soigneusement écartés. Prédateurs et compétiteurs ne peuvent donc pas avoir engendré directement (c'est à dire par leur action ou leur présence) une baisse de la fécondité. L'affaiblissement de la fécondité pourrait, à l'inverse, être à l'origine d'une partie de la baisse estivale des effectifs d'*E. affinis*.

Une autre hypothèse est avancée par Hirche (1992). Selon lui, la diminution de la taille des femelles, toujours observable en été, constituerait une limite anatomique à la ponte chez une espèce portant ses oeufs telle qu'*E. affinis*. Cependant, toujours selon cet auteur, ce phénomène n'interviendrait qu'à partir de 25°C donc au-delà de la température jugée optimale dans la présente étude. De plus, cette hypothèse suppose que la taille des oeufs soit invariable ce qui ne semble pas se vérifier compte tenu des résultats présentés dans le chapitre IV. Enfin, une telle hypothèse n'apporte pas d'explication quant à la décroissance de la fécondité chez une espèce ne portant pas ses oeufs comme *A. bifilosa*.

La cause la plus probable de la baisse de la fécondité pour des températures supérieures à 15°C chez *E. affinis* ou supérieures à 20°C chez *A. bifilosa*, semble donc de nature physiologique, le découplage entre la gamme de tolérance thermique des individus et celle de leur fécondité pouvant résulter d'une altération des enzymes ou d'une modification de la viscosité des lipides spécifiquement impliqués dans l'ovogénèse (Hochachka et Somero, 1984).

De telles caractéristiques physiologiques pourraient avoir une origine adaptative. Dans le cas d'*E. affinis,* les températures les plus favorables à la fécondité sont en effet rencontrées durant des périodes de l'année où les prédateurs sont relativement peu nombreux et où les ressources en phytoplancton de la zone où vie cette espèce (partie amont des estuaires) sont souvent plus abondantes (apports de la partie fluviale en liaison avec les blooms s'y produisant généralement à ces périodes). De même, dans le cas d'*A. bifilosa*, les températures les plus favorables à la fécondité coïncident avec des périodes favorables aux blooms phytoplanctoniques à proximité de la zone où se développe cette espèce (partie aval des estuaires, Irigoien et Castel, 1995). Les températures favorables à la fécondité de cette seconde espèce ne correspondent pas cette fois à une baisse des effectifs de prédateurs mais on notera qu'*A. bifilosa* adopte une stratégie reproductive de type r, apte à contrecarrer des pertes liées à la prédation alors qu'*E. affinis* présente une stratégie de type k qui suppose une plus grande protection d'un plus petit nombre d'oeufs.

Effet de la concentration en MES

La concentration en MES fut la variable la mieux corrélée à la fécondité après la température. Lorsque l'échelle d'observation fut suffisamment large, une augmentation de la concentration en MES fut systématiquement assortie d'une décroissance de la fécondité de nature exponentielle, plus abrupte dans le cas d'*A. bifilosa* que dans celui d'*E. affinis*. Ce facteur affecte probablement la fécondité à travers l'activité nutritionnelle des copépodes mais plusieurs interprétations restent possibles.

Si l'on considère que (1) le phytoplancton est une ressource nutritive reconnue pour les copépodes et que (2) des concentrations croissantes en MES limitent la production primaire en réduisant la pénétration lumineuse (Irigoien et Castel, 1995), un effet néfaste des MES sur la fécondité passant par une diminution de la biomasse phytoplanctonique en tant que ressource nutritive apparaît comme une hypothèse plausible pour expliquer les observations. Cependant, certaines des corrélations qu'implique cette hypothèse n'ont pas été observées. Dans ce cas, la concentration en chlorophylle devrait en effet paraître liée négativement à la concentration en MES et positivement à la fécondité. Or, la concentration en chlorophylle s'est au contraire avérée positivement liée à la concentration en MES et aucune relation avec la fécondité n'est apparue.

La relation observée entre la concentration en MES et la fécondité ne semble donc pas pouvoir être attribuée à une diminution de la quantité de phytoplancton disponible.

La chlorophylle n'est pas forcement un parfait indicateur de la biomasse phytoplanctonique dans les milieux turbides. Les algues séjournant dans des eaux parfois totalement privées de lumière peuvent en effet perdre une partie de leurs pigments (De Jonge, 1980) tout en restant une ressource pour les copépodes (Heinle *et al.*, 1977). Toutefois, un phénomène de cette nature semble insuffisant pour avoir masqué les relations évoquées. L'existance d'une corrélation positive entre la teneur en MES et la concentration en chlorophylle plutôt qu'une corrélation négative peut d'ailleurs être en partie expliquée. Des concentrations croissantes en MES peuvent en effet être accompagnées par une diminution de la concentration en chlorophylle liée à l'atténuation de la lumière mais aussi par une augmentation de la concentration en chlorophylle liée au lessivage des berges (souvent très productives) et aux apports fluviaux.

Puisque les copépodes estuariens sont souvent considérés comme omnivores (Mann, 1988), on peut imaginer une hypothèse équivalente à la précédente mais passant cette fois par une réduction globale des ressources nutritives et non par l'unique réduction de la biomasse phytoplanctonique. Dans ce cas, la concentration en P+G+L en tant que reflet de la quantité de nourriture potentiellement assimilable par les copépodes, devrait paraître liée négativement à la concentration en MES et positivement à la fécondité. Aucune de ces deux relations n'a pu être observées. Au contraire, une corrélation positive a été trouvée entre la concentration en P+G+L et la teneur en MES. Cette seconde hypothèse ne semble donc pas non plus devoir être retenue. On notera toutefois que la méthode adoptée pour mesurer la concentration en P+G+L ne tient pas compte de la taille des particules. La teneur en P+G+L correspondant uniquement aux particules pouvant être capturées par les copépodes étudiés pourrait être différente, ce qui limite l'interprétation des résultats.

Les hypothèses reposant sur une diminution de la quantité de nourriture pour des concentrations croissantes en MES ne semblant pas en mesure d'apporter des explications satisfaisantes, on peut envisager des scénarios reposant sur une diminution de la qualité de la nourriture. Cette notion de qualité peut être abordée de deux manières qu'il semble nécessaire de préciser afin d'éviter toute confusion. La première consiste à considérer la qualité propre à chaque groupe de proies potentielles, le phytoplancton par exemple, dont la composition pourrait varier en réponse à des concentrations croissantes en MES (rapport C/N par exemple). La seconde consiste à observer les particules dans leur ensemble et à considérer la part d'une ou plusieurs ressources potentielles par rapport à la masse particulaire totale (rapport Chl / MES, P+G+L / MES). Compte tenu des données disponibles, c'est cette seconde approche qui a été retenue.

Dans le cas d'*A. bifilosa*, une hypothèse de cette nature concorde avec les observations, en particulier vis à vis du rapport P+G+L / MES. Par contre, dans le cas d'*E. affinis,* aucune corrélation entre la fécondité et les rapports Chl / MES ou P+G+L / MES n'a été observée. Toutefois, ni la chlorophylle ni la somme P+G+L ne sont forcément représentatives du régime alimentaire de ce second crustacé potentiellement omnivore.

Une manière équivalente de présenter cette hypothèse mais sans cette fois faire appel à une quantification des ressources potentielles, consiste à considérer qu'une augmentation de la concentration en MES, composée en grande majorité de particules minérales ou réfractaires, rendrait la nourriture disponible moins accessible, soit parce que l'animal éprouverait des difficultés à l'extraire de la matrice minérale (cas où l'animal sélectionne ses proies), soit parce qu'il se trouverait dans l'obligation d'ingérer une grande quantité de particules non nutritives pour capturer un minimum de proies (cas où l'animal ne sélectionne pas ses proies).

Bien que peu nombreuses, des expériences réalisées en laboratoire et visant à tester une telle hypothèse existe dans la littérature. Sellner et Bundy (1987) ont, par exemple, examiné l'effet de concentrations croissantes en MES sur la taille des ovisacs, la mortalité et le developpement post-embryonnaire chez *E. affinis*. Ils n'obtiennent pas de résultats concluants mais, selon ces mêmes auteurs, la gamme de concentration utilisée (0 à 350 mg.l^{-1}) était sans doute trop étroite pour obtenir une réponse significative. Sherk *et al.* (1974) ont, quant à eux, clairement montré une décroissance de l'ingestion pour des concentrations croissantes en MES (jusqu'à 80% de réduction chez *E. affinis* et jusqu'à 90% de réduction chez *A. tonsa* pour des concentrations en MES allant de 0 à 1000 mg.l^{-1}). Ces résultats abondent dans le sens de la dernière hypothèse mais les conséquences sur la fécondité n'ont pas fait l'objet d'investigations.

Importances relatives des facteurs température et concentration en MES

L'importance relative des facteurs température et concentration en MES dans le contrôle de la fécondité des copépodes estuariens semble, comme attendu, varier en fonction de l'espèce, du site et de l'échelle d'observation.

Lorsque qu'il s'agit d'*E. affinis* vivant dans un estuaire particulièrement turbide tel que celui de la Gironde, la concentration en MES semble jouer un rôle comparable à celui de la température dans le contrôle de la fécondité à une échelle saisonnière. Ce facteur pourrait même s'avérer prépondérant aux échelles d'observation n'entraînant pas ou peu de variation de température car la concentration en MES dans ce type de milieu est non seulement élevée mais aussi particulièrement variable même sur de courtes périodes (influence des cycles de marée ou du rythme des pluies par exemple).

Lorsqu'il s'agit d'*E. affinis* se développant dans un estuaire peu turbide tel que celui de l'Escaut, le facteur température semble prépondérant et la concentration en MES ne semble jouer aucun rôle majeur. L'émergence d'autres facteurs tels que l'abondance en phytoplancton devient alors possible aux échelles d'observation n'entraînant pas ou peu de variation de température même si un phénomène de cette nature n'a pu être détecté au cours de cette étude.

Dans le cas d'*A. bifilosa*, le rôle de la concentration en MES semble comparable à celui de la température à une échelle saisonnière, aussi bien dans un estuaire turbide comme celui de la Gironde que dans un estuaire très peu turbide comme celui de Mundaka. Un rôle important de la concentration en MES peut paraître surprenant dans un milieu peu turbide. Il pourrait refléter une grande sensibilité de l'espèce à la teneur en particules. Mais, dans la mesure où une relation significative n'a pu être obtenue qu'en unissant les données de deux estuaires très différents, de nouvelles investigations paraissent nécessaires à la confirmation d'une telle hypothèse.

Dans le cadre d'une comparaison inter-estuarienne, la concentration en MES est probablement le facteur jouant le rôle le plus important. En effet, les estuaires où se développent *E. affinis* et/ou *A. bifilosa* présentent généralement des profils annuels de température assez semblables. Par contre, les concentrations en MES y sont souvent très différentes.

Finalement, la concentration en MES apparaît comme un bon indicateur pour évaluer si un environnement est favorable ou non à la fécondité des espèces étudiées. Toutefois, La question de l'origine exacte des corrélations observées reste posée. Outre les mesures d'ingestion *in situ* qui étaient déjà envisagées, cette situation suggère que des expériences en laboratoire soit engagées pour mieux comprendre le rôle des MES dans l'activité nutritionnelle des copépodes.

IV. Rôle du phytoplancton dans le régime alimentaire in situ des copépodes estuariens

IV. 1) Introduction

Dans les réseaux trophiques pélagiques, le phytoplancton est souvent considéré comme la principale source d'énergie (Vidal, 1980). Il constitue l'essentiel de la nourriture de beaucoup d'organismes mésozooplanctoniques dont un grand nombre de copépodes (Paffenhöfer, 1983). Parmi ces derniers, nombreux sont ceux qui choisissent activement les cellules végétales (Paffenhöfer et al., 1982 ; Price et al., 1983). Ils peuvent toutefois ingérer des particules non végétales, voire inertes, si celles-ci présentent une taille adéquate (Wilson, 1973 ; Sautour, 1991).

Dans les estuaires à marée des côtes européennes, les particules qui environnent les copépodes et parmi lesquels ceux-ci puisent leur nourriture, sont surtout de nature détritique. Très peu d'entre-elles correspondent à du phytoplancton vivant. Le phytoplancton apparaît donc « dilué » dans une importante quantité de particules non vivantes.

Dans ce type de situation, plusieurs auteurs ont proposé les détritus comme une ressource nutritive complémentaire ou alternative possible pour les copépodes (Poulet, 1976 ; Heinle et al., 1977 ; Boak et Goulder, 1983). Les particules détritiques de ces milieux représentent très souvent un stock de carbone considérable (environ 66.000 tonnes dans l'estuaire de la Gironde selon Lin, 1988). En comparaison, le phytoplancton représente généralement un stock bien plus faible (environ 100 tonnes* dans l'estuaire de la Gironde). Les détritus semblent donc plus accessibles aux copépodes que les cellules phytoplanctoniques. De plus, la production primaire s'avère souvent insuffisante pour soutenir la production zooplanctonique. A titre d'exemple, la production d'*Eurytemora affinis* dans l'estuaire de la Gironde a été estimée entre 5 et 12 mgC.m^{-3}.j^{-1} (Castel et Feurtet, 1989) alors que la production primaire, mesurée par incorporation de C^{14} à 50 cm de profondeur, est souvent proche de zéro (CNEXO, 1977). En l'absence de production primaire autochtone, le phytoplancton présent dans cet estuaire provient en fait des remises en suspension de phytobenthos et des apports depuis les extrémités marine et fluviale (Irigoien et Castel, 1992).

---

* Calcul réalisé sur la base d'une concentration en chlorophylle moyenne de 1 µg.l^{-1} (voir Chap. III) et d'un rapport carbone/chlorophylle de 50 (Dagg et Grill, 1980).

Paradoxalement, plusieurs travaux suggèrent que certains copépodes estuariens parviennent à sélectionner et à ingérer des quantités significatives de phytoplancton (Irigoien et al., 1993 ; Tackx et al., 1995). Rien ne permet donc d'affirmer que le phytoplancton, en dépit de sa faible abondance relative, ne reste pas la principale ressource nutritive de ces crustacés.

Certaines des transformations biogéochimiques susceptibles de se produire dans un estuaire dépendent étroitement de l'importance des relations trophiques entre le phytoplancton, les détritus et le zooplancton.

Le phytoplancton influence considérablement les flux de matière au sein d'un écosystème. Dans les milieux estuariens, son développement est souvent déjà très limité par la faible pénétration lumineuse. S'il devait également subir la contrainte d'une importante prédation par le zooplancton, les flux de matière dans lesquels il joue un rôle important pourraient être sérieusement affectés.

A l'opposé, si le phytoplancton ne représentait qu'une faible part de l'alimentation des copépodes, les détritus, éventuellement enrichis de protozoaires et de bactéries (Gyllenberg, 1984), pourraient être consommés de manière significative. Le zooplancton disposerait dans ce cas d'une nourriture dont l'abondance pourrait favoriser son développement et dont l'énergie pourrait être transférée vers les niveaux trophiques supérieurs.

Afin de mieux comprendre le fonctionnement des écosystèmes estuariens en général et la nature des transformations biogéochimiques s'y produisant en particulier, il est donc capital de connaître la part de l'alimentation des copépodes couverte par le phytoplancton et d'en apprécier les évolutions en fonction des conditions environnementales.

L'objectif de ce chapitre est donc d'évaluer *in situ* la quantité de phytoplancton ingéré par les copépodes estuariens *E. affinis* et *A. bifilosa* en fonction des conditions environnementales et de la comparer à leur ingestion globale.

La méthode adoptée pour évaluer la quantité de phytoplancton ingérée par les copépodes est celle de la fluorescence intestinale. Bien que parfois controversée (Durbin et al., 1990), cette méthode est l'une des plus satisfaisantes dans les milieux turbides (Irigoien, 1994). Elle met en jeu deux variables : le contenu intestinal en pigments (GC) et la vitesse d'évacuation (g). Ces deux variables ont tout d'abord été examinées indépendamment l'une de l'autre avant d'être réunies pour évaluer, en équivalent chlorophylle puis en terme de carbone, la quantité de phytoplancton ingérée par les copépodes.

L'ingestion globale a été évaluée à travers la quantité de carbone requise pour couvrir la production d'oeufs en utilisant des valeurs de fécondité mesurée *in situ* (voir chap. III), le poids en carbone des oeufs et des femelles et plusieurs estimations du rendement brut de production d'oeufs.

IV. 2) Matériels et méthodes

Echantillonnage

Pour *E. affinis* les investigations ont été conduites dans les estuaires de la Gironde, de l'Elbe et de l'Escaut. Dans la Gironde, les échantillons ont été prélevés et les mesures ont été réalisées environ une fois par mois entre novembre 1993 et novembre 1994 à trois stations situées respectivement à 67 km (point F), 52 km (point E) et 30 km (point K) en aval de la ville de Bordeaux. *E. affinis* n'a pas toujours été présent à toutes les stations mais plus généralement à une ou deux d'entre elles en fonction du débit fluvial. Afin de compléter les données sur le contenu intestinal de cette espèce, des échantillons additionnels ont également été collectés en janvier et en avril 1994 au cours de transect longitudinaux comptant 7 stations espacées d'environ 10 km depuis le bec d'Ambès jusqu'au port du Verdon. Dans les estuaires de l'Elbe et de l'Escaut, les investigations ont été conduites aux printemps 1993 et 1994. Les échantillons ont alors été récoltés au cours de transects longitudinaux comptant 7 ou 8 stations régulièrement espacées entre les zones fluviales et marines de ces estuaires. Contrairement aux mesures de fécondité qui n'ont pu être conduites qu'aux stations où *E. affinis* constituait l'essentiel du zooplancton (voir chap. III. 2), les mesures de contenus intestinaux ont pu être réalisées à chaque fois que l'espèce était représentée car elles ne nécessitent qu'un petit nombre d'individus.

Pour *A. bifilosa* les investigations ont été conduites dans les estuaires de la Gironde et de Mundaka. Dans la Gironde, les échantillonnages et les mesures ont eut lieu une fois par mois entre avril et novembre 1994. Le plus souvent, l'espèce n'était présente qu'à la station la plus aval (point F). Cependant, quelques résultats ont pu être acquis au niveau du point E, en particulier durant l'été, lorsque l'espèce a présenté une extension maximale. Dans l'estuaire de Mundaka les échantillonnages et les mesures ont également eut lieu une fois par mois entre avril et novembre 1994. Dans cet estuaire, le nombre et la position des stations ont été déterminés à chaque campagne en fonction de l'étendue de la population.

Paramètres physico-chimiques et analyse des MES

Les variables mesurées dans le cadre de ce chapitre sont la température, la salinité, l'oxygène dissous, la concentration en MES et la concentration en pigments chlorophylliens. Les protocoles utilisés sont identiques à ceux décrit dans le chapitre III. 2.

Poids des femelles et de leurs oeufs

Les poids des femelles et de leurs oeufs ont été déterminés pour chaque prélèvement à partir d'un sous-échantillon fixé au formol (conc. finale 5%). Après environ un mois de conservation afin que le poids des individus fixés se soit stabilisé (Kuhlmann et al., 1982 ; Poli, 1982), les femelles et les oeufs ont été séparés individuellement, comptés puis rincés à l'eau distillée. Trois lots de plus de 100 oeufs et trois lots d'une dizaine de femelles ont été préparés à partir de chaque sous-échantillon. Les différents lots ont été séchés à l'étuve (24 heures à 60°C) puis pesés à l'aide d'une microbalance de précision Mettler ME 22 (sensibilité 0,1 µg). Le poids sec obtenu a été converti en poids carbone à l'aide d'un coefficient multiplicateur de 0,5 (Omori, 1970 ; Ohman et Runge, 1994).

Lorsque les oeufs récoltés n'ont pas été suffisamment nombreux pour effectuer une pesée (moins de 100 oeufs), leur diamètre moyen a été déterminé à l'aide d'un microscope équipé d'une chambre claire (grossissement X400, précision 0,5 µm) puis leur volume moyen a été calculé en assimilant leur forme à celle d'une sphère parfaite. Une fois leur volume (Ve, en µm^3) déterminé, le poids sec de ces oeufs (We, en µg) a été estimé à l'aide de l'équation suivante :

$$We = 0{,}28 \cdot 10^{-6} \cdot Ve$$
$$(r^2 = 0{,}97, n = 63, p < 0{,}001)$$

Cette équation, illustrée par la figure IV. 1, a été obtenue grâce à des mesures effectuées sur les échantillons récoltés au cours de cette étude lorsque le nombre d'oeufs le permettait, mais aussi sur des échantillons récoltés au cours d'études antérieures dans plusieurs estuaires européens et conservés en collection au laboratoire d'océanographie biologique d'Arcachon. Elle s'avère comparable à celles proposées par Kimmerer (1983), par Kiørboe et al. (1985) et par Crawford et Daborn (1986) pour différentes espèces de copépodes calanoïdes.

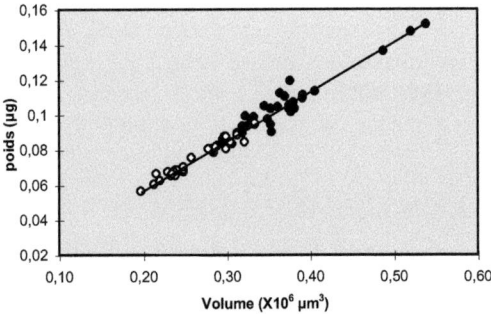

Figure IV. 1 : Relation entre le poids sec et le volume des oeufs. Les cercles pleins correspondent aux mesures réalisées sur des oeufs d'*E. affinis*, les cercles vides correspondent aux mesures réalisées sur des oeufs d'*A. bifilosa*. La ligne continue correspond à la droite de régression calculée avec l'ensemble des points et dont l'équation est donnée dans le texte.

Contenus intestinaux en pigments

Les contenus intestinaux *in situ* en pigments chlorophylliens (GC) ont été analysés selon la méthode de Mackas et Bohrer (1976). L'objectif étant de comparer la quantité de phytoplancton ingérée à la quantité requise pour couvrir la production d'oeufs, seules les femelles de chacune des deux espèces ont fait l'objet d'investigations.

A chaque station, un échantillon de zooplancton a tout d'abord été récolté à l'aide d'un filet WP2 standard de 200 µm de vide de maille, à environ 50 cm sous la surface. Un sous-échantillon a ensuite été isolé à l'aide d'un récipient dont le fond avait été remplacé au préalable par un morceau de filet amovible d'environ 5 cm par 5 cm et de 200 µm de vide de maille. Une fois garni d'organismes planctoniques, ce morceau de filet a délicatement été plié puis congelé dans de l'azote liquide, à l'abri de la lumière. Le reste de l'échantillon de plancton a été utilisé pour les autres analyses (vitesse d'évacuation, fécondité, poids secs).

De retour au laboratoire, chaque morceau de filet a été plongé dans de l'eau filtrée à la même salinité que celle du prélèvement afin d'éviter tout choc osmotique. La décongélation de l'échantillon, nécessaire au tri des individus, intervient très rapidement à température ambiante. A l'aide d'une loupe binoculaire et d'un éclairage réduit au minimum, entre 10 et 25 femelles ont été isolées puis placées dans un tube en verre contenant 5 ml d'acétone à 90%. Pour chaque point, trois réplicats ont été préparés de cette manière. Les tubes ont ensuite été exposés environ une minute à des ultrasons afin de broyer les animaux puis placés à l'abri de la lumière, à 4°C, pendant 24 heures environ afin que l'extraction des pigments par l'acétone puisse s'opérer.

Après une légère centrifugation, la fluorescence du surnageant a été déterminée avant et après acidification selon la méthode de Neveux (1983) à l'aide d'un fluorimètre Turner modèle 112. Les concentrations en chlorophylle a et en phéopigments ont été calculées d'après les équations de Lorenzen (1967) et rapportées au nombre de copépodes introduits dans chaque tube.

Les valeurs obtenues ont été converties en équivalent chlorophylle a (ng Chl a + 1,51 ng Pheo a, Bautista *et al.*, 1988) puis en $ngC.ngC^{-1}$ en utilisant un rapport Carbone/Chlorophylle de 50 (Dagg et Grill, 1980) et le poids en carbone des femelles.

La principale controverse concernant cette méthode est liée à une possible dégradation d'une partie des pigments chlorophylliens en dérivés non fluorescents lors de leur transit dans l'intestin (Conover, 1986). Toutefois, des travaux récents montrent que la sous estimation de l'ingestion liée à ce phénomène reste acceptable (Pasternak, 1994).

Vitesse d'évacuation

A partir du même échantillon de plancton que celui utilisé dans le cadre de l'analyse du contenu intestinal *in situ* (voir ci-dessus), un second sous-échantillon a été isolé lorsque l'abondance des organismes le permettait. Ce second sous-échantillon a tout d'abord été délicatement rincé par passage dans de l'eau filtrée à la même salinité que celle du prélèvement. Il a ensuite été transféré dans un aquarium de 20 litres rempli d'eau filtrée à une température identique à celle du milieu (bain-marie). Toutes les 5 minutes durant une première demi-heure puis toutes les 10 minutes durant une seconde demi-heure, des sous-échantillons ont été prélevés dans cet aquarium et le contenu intestinal des femelles récoltées a été déterminé comme pour le contenu intestinal *in situ*.

En l'absence de nourriture (eau filtrée) l'intestin des copépodes se vide progressivement. En mesurant la vitesse à laquelle la chlorophylle (utilisée dans ce cas comme marqueur) disparaît de l'intestin de ces organismes, on peut obtenir une évaluation de leur vitesse d'évacuation. Selon Christoffersen et Jespersen (1986), cette vitesse peut être calculée en appliquant l'équation suivante aux données obtenues :

$$G_t = G_0 \cdot e^{-gt}$$

avec G_t : contenu intestinal au temps t
       G_0 : contenu intestinal au départ de l'expérience
       g : vitesse d'évacuation
       t : temps écoulé depuis le début de l'expérience

La vitesse d'évacuation a donc été considérée égale à la pente de la régression linéaire entre le temps (variable indépendante) et le logarithme du contenu intestinal en pigment (variable dépendante).

Les méthodes utilisant l'énumération des pelotes fécales produites par des animaux évoluant dans un environnement nutritif « normal » peuvent parfois aboutir à des vitesses d'évacuation légèrement supérieures à celles calculées en plaçant les copépodes dans de l'eau filtrée (Kiørboe *et al.*, 1985 ; Peterson *et al.*, 1990). L'explication la plus commune à cette observation serait une diminution de cette vitesse lorsque l'animal ne se nourrit pas à laquelle il faut ajouter une possible dégradation de la chlorophylle en dérivés non fluorescent. Malheureusement, le comptage de pelotes fécales dans un environnement turbide s'avère très souvent impossible. La méthode utilisant l'eau filtrée a donc été conservée tout en gardant à l'esprit une possible sous-estimation de la vitesse d'évacuation.

Calcul de la quantité de phytoplancton ingérée par les femelles

Le contenu intestinal en pigment d'une femelle (GC) est une fonction de la quantité de pigments qu'elle ingère par unité de temps (Ip), de la quantité de pigments qu'elle évacue par unité de temps (E) et de la quantité détruite ou non détectée dans son intestin (X). Selon Dam et Peterson (1988), les changements du contenu intestinal par rapport au temps (t) peuvent être exprimés de la manière suivante :

$$dGC / dt = Ip - (E + X)$$

Si l'on considère que l'ingestion et l'égestion sont en équilibre, alors $dGC / dt = 0$. On a alors :

$$Ip = E + X$$

Dans la mesure où aucune variation nycthemerale significative du contenu intestinal en pigments n'a été détectée chez les espèces étudiées (Irigoien et Castel, 1995), cette simplification semble valable à l'échelle du jour.

Si l'on suppose ensuite que la quantité de pigment évacuée est égale au produit de la vitesse d'évacuation et du contenu intestinal ($E = g \cdot GC$) et que X est négligeable, Ip peut être calculé de la manière suivante :

$$Ip = g \cdot GC$$

Avec GC exprimé en ng Chl a Eq.ind^{-1} et g en jour^{-1}, la quantité de pigments chlorophylliens ingérée par les femelles est exprimée en ng Chl a Eq.ind^{-1}.j^{-1}. Cette unité permet d'apprécier l'impact des copépodes sur le phytoplancton présent dans le milieu. Par contre, elle ne permet pas une comparaison avec la quantité de carbone requise pour couvrir la production d'oeufs. C'est pourquoi la quantité de phytoplancton ingérée a également été exprimée en ngC.ngC^{-1}.j^{-1}, en utilisant le contenu intestinal exprimé cette fois en ngC.ngC^{-1}.

Quantité de carbone requise pour couvrir la production d'oeufs

Les valeurs de fécondité utilisées ont toutes été obtenues à partir d'individus issus de l'échantillon de plancton déjà sous-échantillonné pour l'analyse du contenu intestinal et de la vitesse d'évacuation. En évitant la multiplicité des échantillonnages, les différentes variables ont pu être mesurées sur une sous-population relativement homogène. Compte tenu de la vitesse des courants et de l'hétérogénéité spatiale en estuaire, cette approche se justifie dans la mesure où des pêches au filet successives n'échantillonnent pas toujours des organismes évoluant dans les mêmes conditions.

La méthode utilisée pour les mesures de fécondité est celle décrite au chapitre III.2. Les résultats obtenus, en oeufs.femelle^{-1}.jour^{-1}, ont été convertis en ngC.ind.$^{-1}$.jour^{-1} puis ngC.ngC^{-1}.jour^{-1} en utilisant le poids en carbone des oeufs et des femelles.

La quantité de carbone devant être ingérée (I, en ngC.ngC^{-1}.j^{-1}) pour couvrir les besoins refletés par la production d'oeufs (PG) a été estimée en utilisant l'équation suivante :

$$I = PG / Ki$$

Ki correspond au rendement brut de production d'oeufs (voir chapitre I). Les valeurs de ce rendement sont relativement variables dans la littérature (Barthel, 1983 ; White et Roman, 1992). Trois cas ont donc été envisagés, une valeur faible de 0,09 (Heinle *et al.*, 1977), une valeur élevée de 0,50 (Kiørboe *et al.*, 1985) et une valeur intermédiaire de 0,30.

IV. 3) Résultats

Contenus intestinaux en pigments

Dans le cas d'*Eurytemora affinis*, le contenu intestinal en pigments chlorophylliens des femelles s'est avéré particulièrement variable. Des différences ont pu être constatées d'un estuaire à l'autre (moyennes des mesures réalisées au printemps 1994 : $1,63 \pm 0,08$ ng Chl a Eq.ind^{-1} dans l'Elbe, $1,12 \pm 0,15$ dans l'Escaut et $0,88 \pm 0,15$ dans la Gironde), d'une station à l'autre (moyennes des mesures réalisées entre novembre 93 et novembre 94 dans l'estuaire de la Gironde : $0,47 \pm 0,14$ ng Chl a Eq.ind^{-1} au point E, $0,28 \pm 0,09$ au point F et $0,43 \pm 0,29$ au point K) et d'une saison à l'autre (de $0,04 \pm 0,01$ à $1,38 \pm 0,14$ ng Chl a Eq.ind^{-1} entre novembre 93 et novembre 1994 au point E de l'estuaire de la Gironde).

Les mesures réalisées au cours des transects longitudinaux de l'Elbe, de l'Escaut et de la Gironde sont présentées sur les figures IV. 2, IV. 3 et IV. 4 respectivement. Quel que soit l'estuaire considéré, on constate que le contenu intestinal en pigment a presque toujours évolué à l'inverse de la concentration en MES. Les autres paramètres environnementaux mesurés, dont la concentration en chlorophylle a, n'ont pas suivi une évolution pouvant être mise en relation avec le contenu intestinal de cette espèce (non figuré).

Dans l'estuaire de la Gironde, le contenu intestinal en pigments et la concentration en MES ont également suivi des évolutions symétriques à une échelle saisonnière (Fig. IV. 5). Cette symétrie a pu être observée à la station E comme à la station F (les mesures réalisées à la station K ne furent pas assez nombreuses pour faire une observation similaire).

Une fois exprimés en terme de carbone et rapportés au poids en carbone des femelles (1,7 à 9,5 µgC), les valeurs suivent très clairement une décroissance de nature exponentielle pour des concentrations croissantes en MES (Fig. IV. 6). Cette relation entre le contenu intestinal (en ngC.ngC^{-1}) et la concentration en MES (en mg.l^{-1}) peut être décrite à l'aide de l'équation suivante :

$$\text{Log (GC)} = -1,96 - 11,7 \cdot 10^{-4} \text{(MES)}$$
$$(r^2 = 0,636 \,;\, n = 62 \,;\, p < 0,001)$$

Elle s'apparente à la relation entre la fécondité et la concentration en MES décrite au chapitre III. 3.

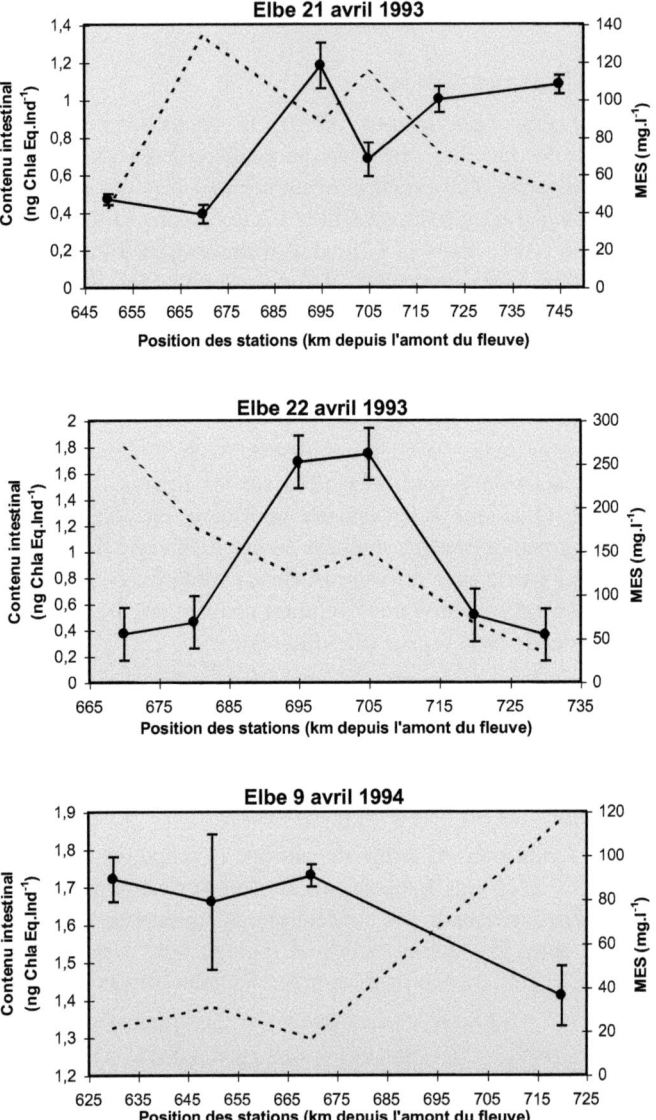

Figure IV. 2 : *E. affinis*. Contenu intestinal en pigments chlorophylliens des femelles (cercles pleins, traits continus) et concentration en MES (traits discontinus) au cours des transects longitudinaux réalisés dans l'estuaire de l'Elbe aux printemps 1993 et 1994. Les barres verticales indiquent les erreurs standards.

- Rôle du phytoplancton -

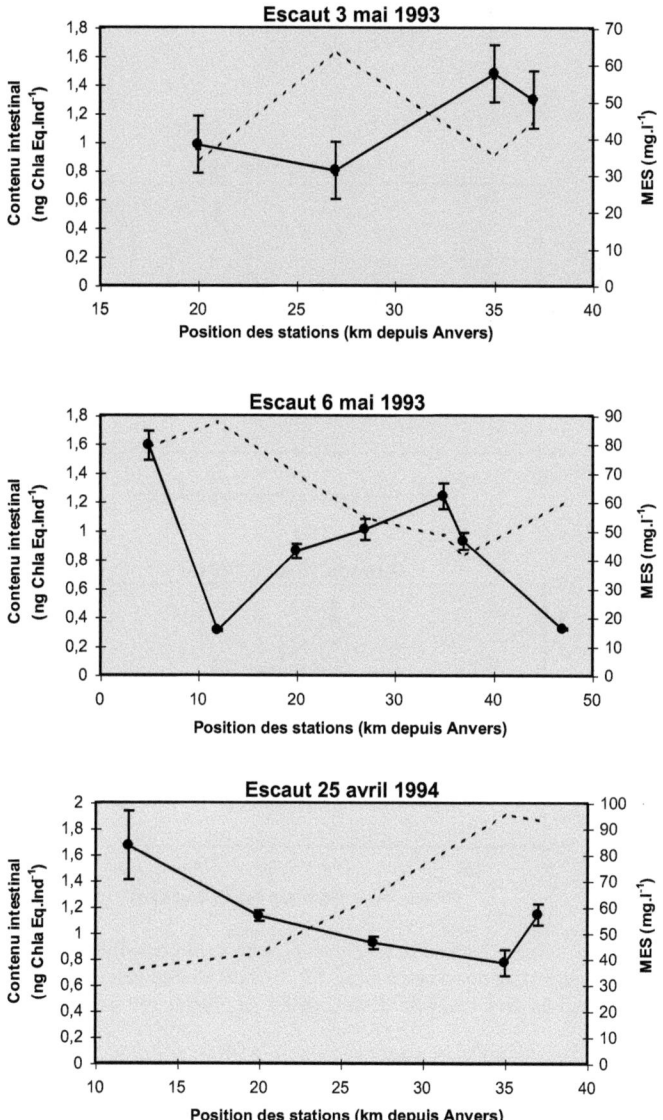

Figure IV. 3 : *E. affinis.* Contenu intestinal en pigments chlorophylliens des femelles (cercles pleins, traits continus) et concentration en MES (traits discontinus) au cours des transects longitudinaux réalisés dans l'estuaire de l'Escaut aux printemps 1993 et 1994. Les barres verticales indiquent les erreurs standards.

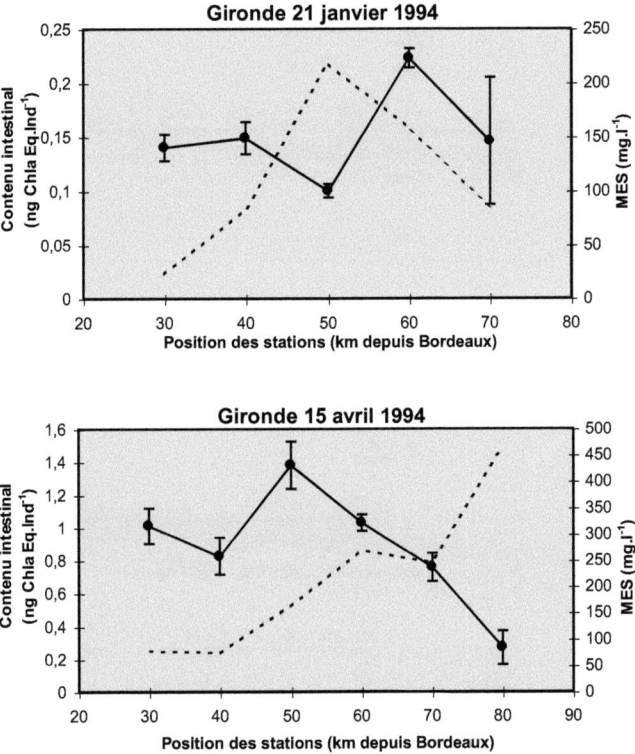

Figure IV. 4 : *E. affinis*. Contenu intestinal en pigments chlorophylliens des femelles (cercles pleins, traits continus) et concentration en MES (traits discontinus) au cours des transects longitudinaux réalisés dans l'estuaire de la Gironde. Les barres verticales indiquent les erreurs standards.

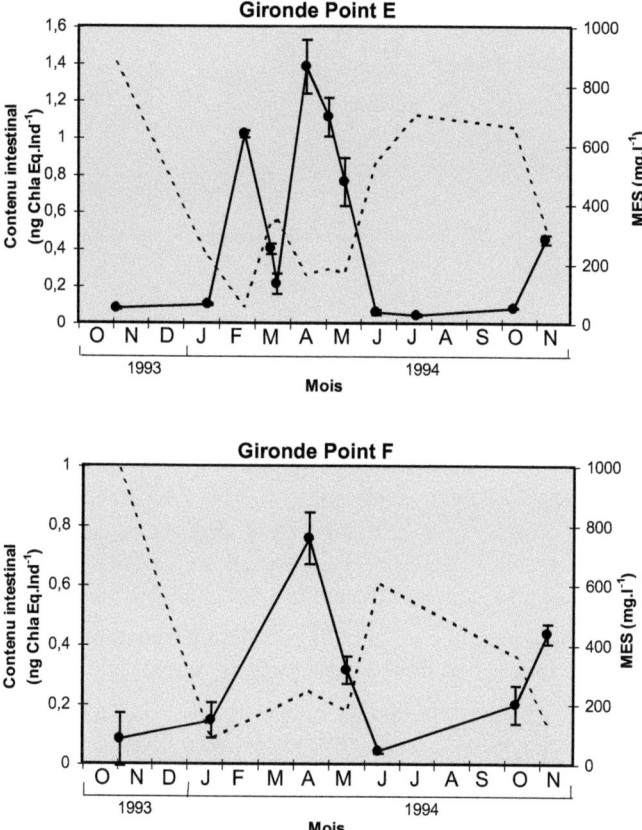

Figure IV. 5 : *E. affinis*. Contenu intestinal en pigments chlorophylliens des femelles (cercles pleins, traits continus) et concentration en MES (traits discontinus) entre les mois de novembre 1993 et de novembre 1994 aux points E (en haut) et F (en bas) de l'estuaire de la Gironde. Les barres verticales indiquent les erreurs standards.

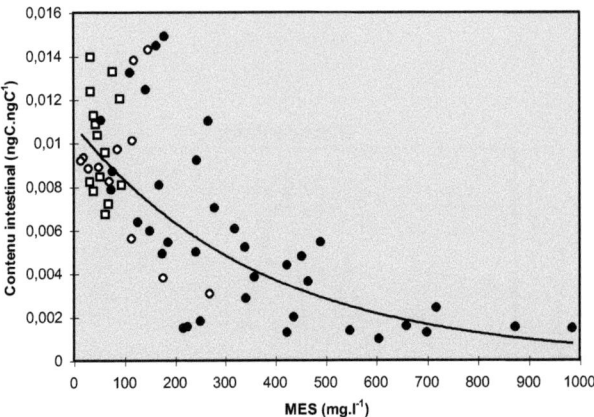

Figure IV. 6 : *E. affinis*. Contenus intestinaux en pigments chlorophylliens des femelles (exprimés en proportion de leur poids en carbone) dans les estuaires de l'Elbe (cercles vides), de l'Escaut (carrés vides) et de la Gironde (cercles pleins), en fonction de la concentration en MES. La ligne continue correspond à la régression mettant en jeu l'ensemble des points.

Le contenu intestinal en pigments des femelles n'a pas été mesuré aussi souvent chez *A. bifilosa* que chez *E. affinis*. *A. bifilosa* est une espèce plus limitée dans le temps et plus localisée dans l'espace qu'*E. affinis*. Elle a donc moins souvent été échantillonnée lors des campagnes de 1994.

Les données acquises sur cette espèce dans les estuaires de la Gironde et de Mundaka sont reportées en fonction des mois de l'année sur la figure IV. 7.

Aucune variation saisonnière significative du contenu intestinal en pigments chlorophylliens des femelles n'a pu être détectée au cours de l'année 1994 dans l'un ou l'autre des deux estuaires.

De plus, les valeurs obtenues dans l'estuaire de Mundaka n'ont pas été significativement différentes (test t, $p > 0,05$) de celles obtenues dans la Gironde.

Les conditions hydrologiques, pourtant très différentes d'un estuaire à l'autre comme d'une saison à l'autre dans un estuaire donné (voir chap. II), ne se sont donc pas traduite par d'importantes différences au niveau du contenu intestinal en pigments d'*A. bifilosa*. Tout au plus peut-on remarquer (Fig. IV. 8) qu'une fois rapportées au poids en carbone des femelles (entre 1,1 et 2,8 µgC), des valeurs relativement importantes ($> 0,01$ ngC.ngC^{-1}) n'ont été rencontrées que pour des concentrations en MES modérées (< 100 mg.l^{-1}) et que des valeurs relativement faibles ($< 0,002$ ngC.ngC^{-1}) n'ont été rencontrées que pour des concentrations en MES relativement élevées (> 100 mg.l^{-1}).

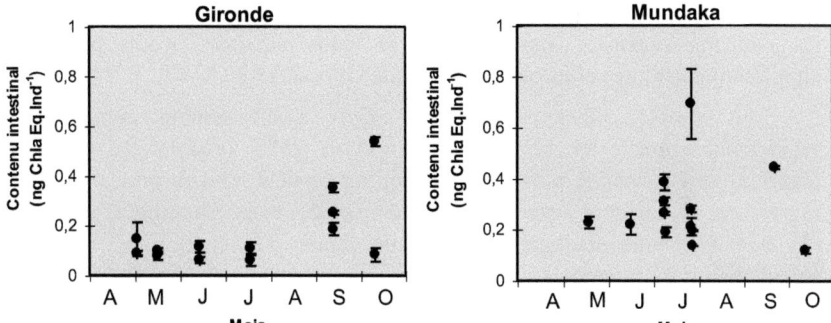

Figure IV. 7 : *A. bifilosa.* Contenu intestinal en pigments chlorophylliens des femelles vivant dans l'estuaire de la Gironde (à gauche) et de Mundaka (à droite) entre les mois d'avril et d'octobre 1994. Les barres verticales indiquent les erreurs standards.

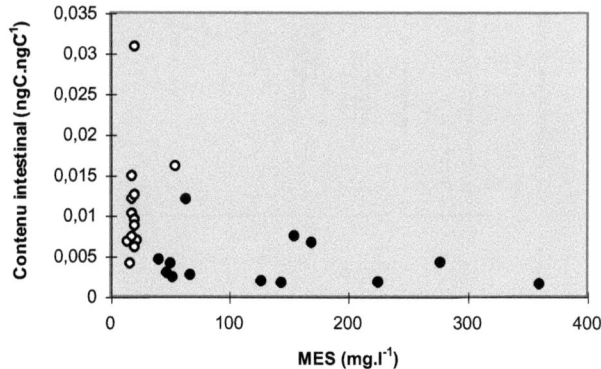

Figure IV. 8 : *A. bifilosa.* Contenu intestinal en pigments chlorophylliens des femelles (exprimé en proportion de leur poids en carbone) dans les estuaires de la Gironde (cercles pleins) et de Mundaka (cercles vides) en fonction de la concentration en MES.

Vitesses d'évacuation

Avec des valeurs comprises entre 0,010 et 0,032 min^{-1}, la vitesse d'évacuation d'*E. affinis* dans l'estuaire de la Gironde est apparue positivement liée (r = 0,843 ; n = 17 ; p < 0,001) à la température. A température équivalente, les valeurs obtenues dans l'Elbe et dans l'Escaut n'ont pas différé significativement de celles obtenues dans la Gironde (ANCOVA, p > 0,05).

La vitesse d'évacuation d'*E. affinis* ayant semblé augmenté plus rapidement entre 5 et 15°C qu'entre 15 et 25°C (Fig. IV. 9), un modèle logarithmique a semblé plus approprié qu'un modèle linéaire pour un calcul de régression. En utilisant l'ensemble des données des trois estuaires, la température (T) étant exprimée en degrés celcius et la vitesse d'évacuation (g) en min^{-1}, ce calcul aboutit à l'équation suivante :

$$g = 0,033 \cdot \text{Log}(T) - 0,011$$
$$(r^2 = 0,633 ; n = 23 ; p < 0,001)$$

Un modèle linéaire donne également un résultat significatif (p < 0,001) mais avec un coefficient de détermination plus faible (0,540).

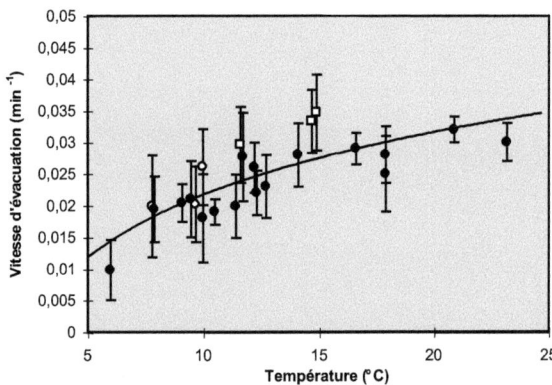

Figure IV. 9 : *E. affinis*. Vitesses d'évacuation mesurées dans les estuaires de l'Elbe (cercles vides), de l'Escaut (carrés vides) et de la Gironde (cercles pleins), en fonction de la température. La ligne continue correspond à la régression mettant en jeu l'ensemble des points. Les barres verticales indiquent les erreurs standards.

Remarque : Dans un but purement descriptif, l'utilisation d'un modèle logarithmique pour décrire une relation entre la vitesse d'un phénomène et la température à laquelle il se produit est courante en biologie. L'utilisation d'un modèle reproduisant l'aspect d'une courbe bêta (voir chap. III. 3) peut également être envisagée lorsque l'on constate une croissance puis une décroissance de la vitesse du phénomène à l'échelle des observations. Dans le cas présent, seule une croissance a été observée. Un modèle logarithmique a donc été préféré. Toutefois, la zone de validité de ce modèle se limite à la gamme 5-25°C et rien ne permet d'exclure qu'une décroissance puisse apparaître en élargissant cette gamme à des températures plus élevées.

Dans l'estuaire de la Gironde, la vitesse d'évacuation d'*A. bifilosa* a évolué entre 0,002 et 0,032 min^{-1}. Dans ce cas, aucune corrélation significative entre la vitesse d'évacuation et la température (Fig. IV. 10) n'a été obtenue (r = 0,435 ; n = 9 ; p = 0,24). Par contre, une décroissance significative (r = -0,842 ; n = 9 ; p < 0,01) de la vitesse d'évacuation pour des concentrations croissantes en MES a été observée (Fig. IV. 11). Cette décroissance s'est avérée particulièrement abrupte pour des concentrations en MES faibles puis plus douce pour des concentrations en MES importantes. Elle peut être décrite à l'aide de l'équation suivante :

$$g = 1{,}43 \cdot MES^{-1,10}$$
$$(r^2 = 0{,}708 \ ; \ n = 9 \ ; \ p < 0{,}01)$$

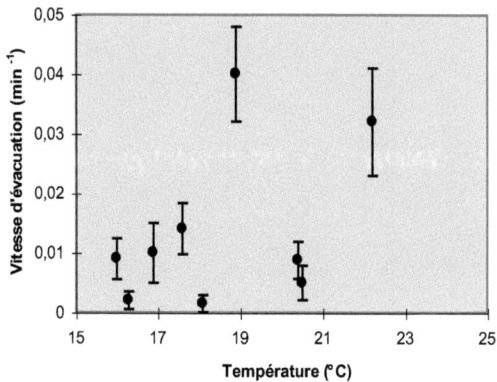

Figure IV. 10 : *A. bifilosa*. Vitesses d'évacuation mesurées dans l'estuaire de la Gironde en fonction de la température. Les barres verticales indiquent les erreurs standards.

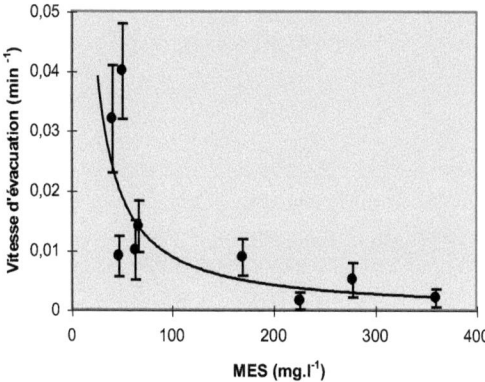

Figure IV. 11 : *A. bifilosa*. Vitesses d'évacuation mesurées dans l'estuaire de la Gironde en fonction de la concentration en MES. Les barres verticales indiquent les erreurs standards. La ligne continue correspond à la régression dont l'équation est donnée dans le texte.

Une relation entre la température et la vitesse d'évacuation d'*A. bifilosa* (g = 0,0142 + 0,0015 T) ayant été obtenue en laboratoire par Irigoien (1994), le fait qu'aucune corrélation significative entre ces deux variables n'ait été observée au cours de la présente étude pourrait paraître contradictoire. Mais *in situ*, l'influence d'une ou plusieurs autres variables pourrait avoir masqué une telle relation. La concentration en MES pourrait être l'une de ces variables. On peut en effet constater qu'en fonction de la température, les vitesses d'évacuation obtenues pour des concentrations en MES relativement faibles (< 100 mg.l^{-1}) ont été plus proches de la relation proposée par Irigoien (1994) que les vitesses obtenues pour des concentrations en MES élevées (Fig. IV. 12).

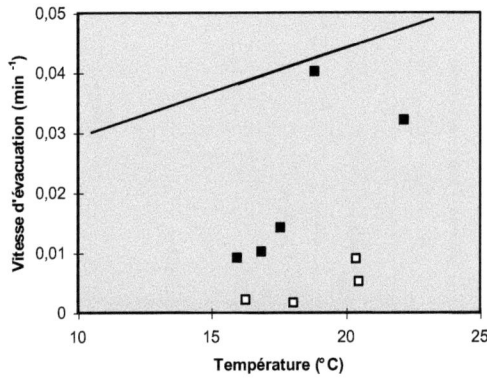

Figure IV. 12 : *A. bifilosa.* Vitesses d'évacuation en fonction de la température. Les carrés pleins correspondent aux mesures effectuées dans l'estuaire de la Gironde au cours de la présente étude pour des concentrations en MES < 100 mg.l^{-1}. Les carrés vides correspondent aux mesures effectuées pour des concentrations en MES > 100 mg.l^{-1}. La droite illustre l'équation obtenue en laboratoire par Irigoien (1994).

Le corollaire de ces observations est que la relation obtenue entre la concentration en MES et la vitesse d'évacuation pourrait être une relation fallacieuse. Une partie de la dispersion des points, en particulier pour de faibles concentrations en MES, pourrait en effet être liée à l'influence de la température ou à l'influence d'un autre facteur restant à déterminer.

Afin de tenir compte de cette éventualité, au moins du point de vue de la température, la relation entre la concentration en MES et la vitesse d'évacuation a été réexaminée après modification des vitesses d'évacuation de telle sorte qu'elles correspondent toutes à une température de 20°C (Fig. IV. 13). Cette modification a été obtenue par projection des valeurs selon la droite dont l'équation a été proposée par Irigoien (1994). On observe alors à nouveau une corrélation significative (r = -0,873 ; n = 9 ; p < 0,01) entre la vitesse d'évacuation et la concentration en MES, corrélation qui s'avère légèrement meilleure que la précédente (-0,842). L'équation correspondante est la suivante :

$$g = 0,550 \cdot MES^{-0,82}$$
($r^2 = 0,763$; n = 9 ; p < 0,01)

Une tendance à la décroissance de la vitesse d'évacuation d'*A. bifilosa* pour des teneurs croissantes en MES semble donc se confirmer.

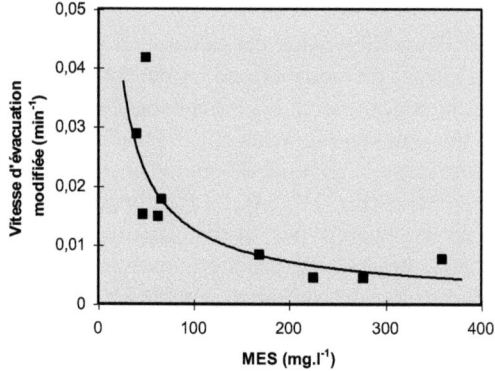

Figure IV. 13 : *A. bifilosa*. Vitesses d'évacuation modifiées pour une température fixe de 20°C à l'aide de l'équation obtenue en laboratoire par Irigoien (1994) en fonction de la concentration en MES. La ligne continue correspond à la régression dont l'équation est donnée dans le texte.

La vitesse d'évacuation d'*A. bifilosa* n'a pas été mesurée dans l'estuaire de Mundaka. Compte tenu des incertitudes liées aux observations précédentes, ces données manquantes n'ont pas été estimées à partir des données sur l'hydrologie de cet estuaire.

Quantité de phytoplancton ingérée par les femelles

Dans l'estuaire de la Gironde, entre novembre 1993 et novembre 1994, les femelles *E. affinis* ont ingéré entre 1,8 et 35,8 ng Chl a Eq.ind^{-1}.j^{-1} (moyenne annuelle : 14,3 ng Chl a Eq.ind^{-1}.j^{-1}). Ces valeurs ont représenté entre 5 et 37 % de leur poids en carbone. Les plus fortes valeurs ont été rencontrées au printemps. Elles coïncident avec la période durant laquelle l'espèce connaît un développement maximum. Les valeurs obtenues dans l'Elbe (19,8 à 44,6 ng Chl a Eq.ind^{-1}.j^{-1}) et dans l'Escaut (30,4 à 57,2 ng Chl a Eq.ind^{-1}.j^{-1}) ont été plus élevées en moyenne que celles obtenues dans la Gironde à la même période. Ces différences sont toutefois moins marquées si l'on considère les valeurs exprimées en pourcentage du poids en carbone des femelles (16 à 24 % dans l'Elbe, 30 à 48 % dans l'Escaut).

Ces valeurs d'ingestion ayant été calculées à l'aide du contenu intestinal en pigments et de la vitesse d'évacuation, on retrouve à leur niveau les relations avec la température et la concentration en MES évoquées précédemment. La relation entre le contenu intestinal en pigments et la concentration en MES conduit à une relation assez claire entre la quantité de phytoplancton ingérée par les femelles et la concentration en MES (Fig. IV. 14). La relation entre la vitesse d'évacuation et la température ne transparaît pas aussi clairement au niveau de l'ingestion (Fig. IV. 15). Les vitesses d'évacuation mesurées pour des températures relativement élevées se sont en effet combinées à des contenus intestinaux relativement faibles. Il en résulte qu'en fonction de la température, la répartition des valeurs d'ingestion s'apparente plus à celle des valeurs de fécondité (voir chap. III) qu'à celle des vitesses d'évacuation. On rencontre en effet des valeurs élevées aux alentours de 15°C mais pas au-delà.

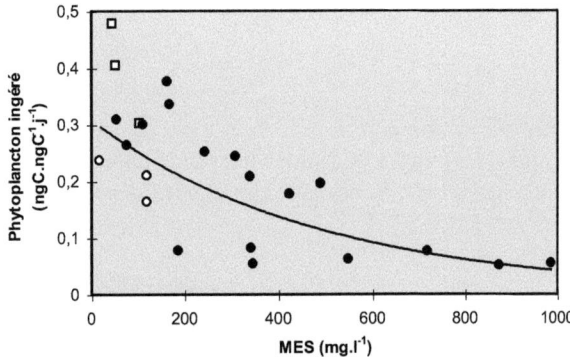

Figure IV. 14 : *E. affinis*. Phytoplancton ingéré par les femelles en fonction de la concentration en MES dans les estuaires de l'Elbe (cercles vides), de l'Escaut (carrés vides) et de la Gironde (cercles pleins). La ligne continue illustre la tendance présentée par l'ensemble des points.

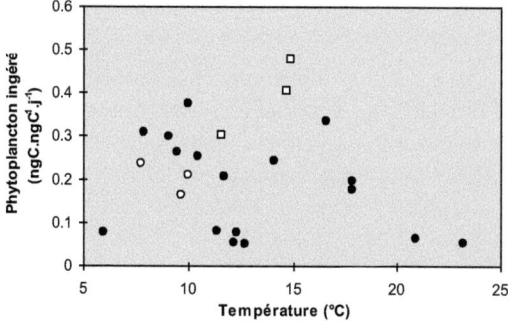

Figure IV. 15 : *E. affinis*. Phytoplancton ingéré par les femelles en fonction de la température dans les estuaires de l'Elbe (cercles vides), de l'Escaut (carrés vides) et de la Gironde (cercles pleins).

Dans le cas d'*A. bifilosa*, la quantité de phytoplancton ingérée quotidiennement par les femelles n'a été calculée que dans l'estuaire de la Gironde car aucune estimation de la vitesse d'évacuation n'a été réalisée dans l'estuaire de Mundaka. Les valeurs obtenues ont varié entre 0,1 et 7,8 ng Chl a Eq.ind^{-1}.j^{-1}. Elles représentent entre 0,4 et 23 % du poids en carbone des femelles. Les plus fortes valeurs ont été rencontrées en juillet, mois durant lequel cette espèce connaît généralement un développement important.

Ces valeurs d'ingestion ayant été calculées à partir du contenu intestinal en pigment et de la vitesse d'évacuation, on retrouve à leur niveau la tendance à des valeurs plus élevées pour des concentrations en MES faibles et à des valeurs plus faibles pour des concentrations en MES élevées qui a été décrite pour les vitesses d'évacuation (Fig. IV. 16).

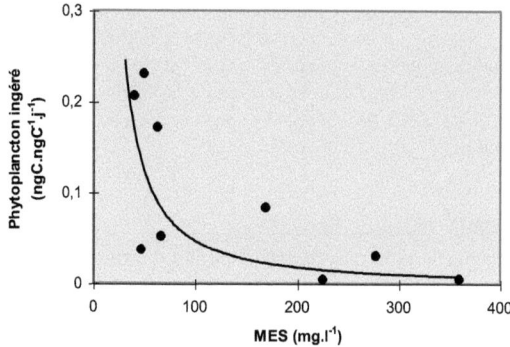

Figure IV. 16 : *A. bifilosa*. Quantité de phytoplancton ingérée par les femelles en fonction de la concentration en MES dans l'estuaire de la Gironde. La ligne continue illustre la tendance présentée par l'ensemble des points.

Comparaison entre la quantité de carbone d'origine phytoplanctonique ingérée par les femelles et la quantité requise pour couvrir la production d'oeufs.

La quantité de carbone d'origine phytoplanctonique ingérée par les femelles et la quantité de carbone nécessaire à leur production d'oeufs (en tant qu'estimateur de la quantité de carbone totale ingérée) n'ont été comparées que lorsque l'ensemble des mesures nécessaires purent être réalisées simultanément. Il en résulte que les valeurs présentées ici sont moins nombreuses que celles présentées dans les paragraphes et chapitres précédents.

Chez *E. affinis*, le carbone d'origine phytoplanctonique ingéré par les femelles a représenté plus de la moitié du carbone nécessaire à la production d'oeufs dans 13 cas sur 21 en utilisant un rendement brut de production d'oeufs de 0,09 et dans tous les cas en utilisant un rendement de 0,3 ou un rendement de 0,5 (Fig. IV. 17). En utilisant les rendements de 0,3 ou de 0,5, la quantité de carbone d'origine phytoplanctonique ingérée par les femelles a même presque toujours dépassé la quantité juste nécessaire à la production observée.

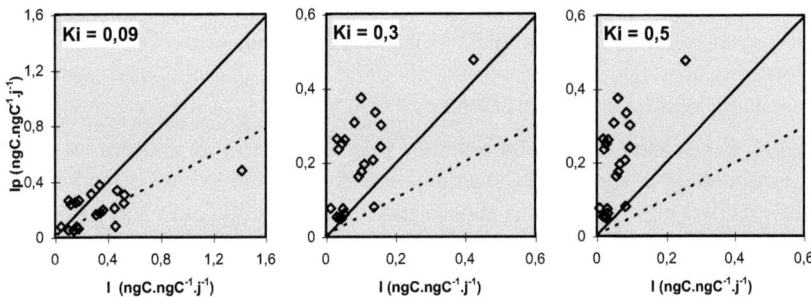

Figure IV. 17 : *E. affinis*. Comparaison entre la quantité de carbone d'origine phytoplanctonique ingérée par les femelles (Ip) et la quantité de carbone requise pour couvrir la production d'oeufs observée en tant qu'estimateur de la quantité totale ingérée (I). De gauche à droite, les valeurs de I ont été estimées à l'aide de rendements bruts de production d'oeufs (Ki) de 0,09, de 0,3 et de 0,5. Ip = I au niveau de la ligne continue. Ip = I / 2 au niveau de la ligne discontinue.

Les résultats obtenus dans l'Elbe (3/21) et dans l'Escaut (2/21) n'ont présenté aucune particularité permettant de les distinguer de ceux obtenus dans la Gironde.

Chez *A. bifilosa,* la quantité de carbone d'origine phytoplanctonique ingérée par les femelles n'a dépassé 50 % de la quantité de carbone requise pour couvrir la production d'oeufs observée que dans 2 cas sur 6 en utilisant un rendement de 0,09 (Fig. IV. 18). Par contre, elle a toujours représenté plus de la moitié de la quantité de carbone requise pour un rendement de 0,3 ou de 0,5, dépassant même cette quantité à 4 occasions pour un rendement de 0,3 et à 5 occasions pour un rendement de 0,5.

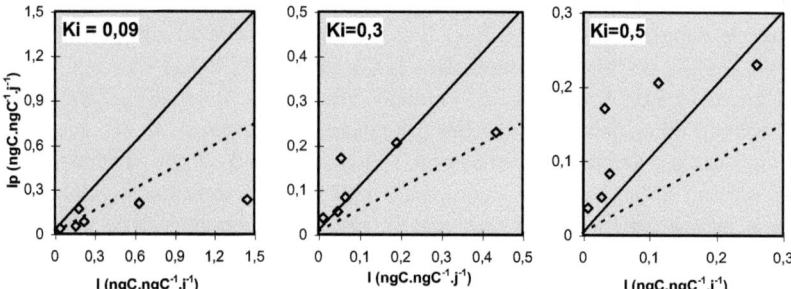

Figure IV. 18 : *A. bifilosa.* Comparaison entre la quantité de carbone d'origine phytoplanctonique ingérée par les femelles (Ip) et la quantité de carbone requise pour couvrir la production d'oeufs observée en tant qu'estimateur de la quantité totale ingérée (I). De gauche à droite, les valeurs de I ont été estimées à l'aide de rendements bruts de production d'oeufs (Ki) de 0,09, de 0,3 et de 0,5. Ip = I au niveau de la ligne continue. Ip = I / 2 au niveau de la ligne discontinue.

IV. 4) Discussion

Cas d'E. affinis

Bien que de nombreux travaux aient été consacrés à *E. affinis*, ceux portant sur son activité nutritionnelle *in situ* sont encore assez rares. Irigoien *et al.* (1993) ont estimé entre 0,09 et 0,28 $ngC.ngC^{-1}.j^{-1}$ la quantité de carbone d'origine phytoplanctonique ingérée quotidiennement par cette espèce dans l'estuaire de la Gironde. Gulati et Doornekamp (1991) obtiennent des valeurs bien plus élevées, comprises entre 0,52 et 4,37 $ngC.ngC^{-1}.j^{-1}$ dans le lac Volkerak-zoommeer situé dans le delta du Rhin (Pays-Bas). Les valeurs estimées au cours de notre étude, qu'il s'agisse de celles obtenues dans la Gironde (0,05 à 0,37 $ngC.ngC^{-1}.j^{-1}$), dans l'Elbe (0,16 à 0,24 $ngC.ngC^{-1}.j^{-1}$) ou dans l'Escaut (0,30 à 0,48 $ngC.ngC^{-1}.j^{-1}$) sont beaucoup plus proches de celles proposées par Irigoien *et al.* que de celles proposées par Gulati et Doornekamp. Cette situation n'est pas surprenante dans la mesure où le lac Volkerak-zoommeer, dont les caractéristiques (faible turbidité, forte production primaire) semblent favorables au broutage d'*E. affinis*, est un milieu très différent des estuaires étudiés. Cette comparaison montre néanmoins qu'*E. affinis* est en mesure d'ingérer bien plus de phytoplancton que cela n'a été le cas au cours de notre étude.

Deux phénomènes distincts semblent avoir affecté la quantité de phytoplancton ingérée quotidiennement par ce copépode. Le premier d'entre-eux est une relation très nette entre la température et la vitesse d'évacuation. Bien qu'elles ne soient pas systématiques, les relations de ce type sont assez courantes dans la littérature (Kiørboe *et al.*, 1982 ; Dagg et Wyman, 1983 ; Christoffersen et Jespersen, 1986 ; Wlodarczyk *et al.*, 1992). Selon Dam et Peterson (1988), une seule équation ($g = 0,012 + 0,0018\ T$) pourrait même être utilisée pour tous les copépodes calanoïdes à conditions que la nourriture ne soit pas limitante. La tendance observée *in situ* dans cette étude s'apparente à celle proposée par Dam et Peterson et semble confirmer l'hypothèse de ces auteurs. Cette tendance s'apparente également à celle obtenue par Irigoien (1994) dans des conditions similaires aux nôtres (Fig. IV. 19).

A partir d'une quinzaine de degrés, nos données s'écartent sensiblement de la droite proposée par Dam et Peterson. Cet infléchissement nous a conduit à utiliser un modèle logarithmique plutôt qu'un modèle linéaire pour décrire la relation entre la température et la vitesse d'évacuation d'*E. affinis* (Fig. IV. 9). Cette différence ne remet pas en cause la similitude générale des deux tendances. Toutefois, dans la mesure où des températures supérieures à 15°C n'ont pas semblé associée à des concentrations en chlorophylle plus faibles (test t, $p > 0,05$) ou à des concentrations en MES plus élevées (test t, $p > 0,05$), on peut supposer qu'*E. affinis* soit une espèce plus sensible aux températures élevées que les espèces dont la vitesse d'évacuation continue à croître au delà de 15°C. Cette hypothèse serait en accord avec la répartition géographique de ce copépode puisqu'il ne se développe que dans les zones tempérées froides de l'hémisphère nord et ne colonise pas les estuaires situés au sud de la Gironde.

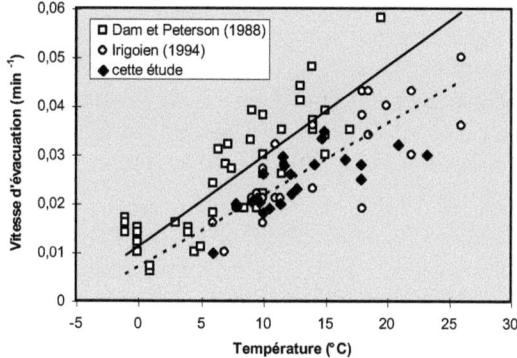

Figure IV. 19 : Relation entre la vitesse d'évacuation et la température. Les carrés vides correspondent aux données réunies par Dam et Peterson (1988) pour plusieurs espèces de copépodes calanoides et la ligne continue à la régression linéaire proposée par ces auteurs. Les cercles vides correspondent aux données d'Irigoien (1994) pour *E. affinis* et la ligne discontinue à la régression linéaire proposée par cet auteur. Les losanges pleins correspondent aux données obtenues avec *E. affinis* au cours de cette étude.

La similitude entre les différentes relations évoquées suggère par ailleurs que la nourriture disponible n'a pas limité de manière notable l'activité nutritionnelle *in situ* d'*E. affinis* au cours de notre étude. Des ralentissements ou des arrêts répétés de cette activité, liés à une raréfaction des proies potentielles, se seraient en effet probablement traduits par une absence de corrélation entre la vitesse d'évacuation et la température (Irigoien *et al.*, 1996).

Le second phénomène ayant affecté la quantité de phytoplancton ingérée quotidiennement par *E. affinis* est une diminution sensible de son contenu intestinal en pigments pour des concentrations croissantes en MES. Cette relation ne s'est pas accompagnée d'une corrélation positive entre la concentration en chlorophylle et le contenu intestinal de ce copépode ni d'une corrélation négative entre les concentrations en chlorophylle et en MES (test r, $p > 0,05$).

Il semble très improbable que cette relation ne soit que le résultat d'une filtration passive du milieu par *E. affinis*. Les copépodes planctoniques disposent en effet d'un grand nombre de chémorécepteurs (Poulet et Marsot, 1978 ; Ayukai, 1987) qui leur permettent de choisir activement des proies nutritives telles que les cellules phytoplanctoniques plutôt que des particules minérales ou réfractaires

(Huntley *et al.*, 1983). De plus la proportion de phytoplancton, d'un point de vue numérique comme d'un point de vue volumétrique, est si faible dans les estuaires turbides (en particulier dans la Gironde) qu'une filtration passive se traduirait probablement par un contenu intestinal en pigment proche de zéro. Enfin, les taux de filtration calculés par Boak et Goulder (1983), Irigoien (1994) ou Tackx *et al.* (1995) semblent incompatibles avec une absence totale de sélection.

Il semble également peu probable que cet animal ait cessé de se nourrir en présence de fortes teneurs en MES. Un tel comportement serait en effet en total désaccord avec les résultats obtenus à propos de sa vitesse d'évacuation, d'autant plus que des vitesses relativement élevées ont parfois été obtenues pour des contenus intestinaux en pigment particulièrement faibles.

Par contre, les MES peuvent avoir gêné la capture des cellules phytoplanctoniques par *E. affinis* (Sherk *et al.*, 1974) en s'interposant entre elles et les organes de nutrition de ce copépode. Autrement dit, il est possible que l'efficacité d'*E. affinis* à sélectionner des cellules phytoplanctoniques ait été réduite par des concentrations croissantes en MES, l'animal ingérant alors un nombre croissant de particules indésirables. Les cellules phytoplanctoniques seraient donc moins accessibles en présence de fortes teneurs en particules inertes.

Cette hypothèse est en accord avec un modèle numérique élaboré par P. Herman (Institut Néerlandais d'écologie, Yerseke). Ce modèle reproduit en effet la relation observée dans cette étude (Fig. IV. 20), en prenant pour hypothèses que (1) *E. affinis* sélectionne les cellules phytoplanctoniques et que (2) il ingère une proportion croissante de particules inertes lorsque leur concentration dans le milieu augmente.

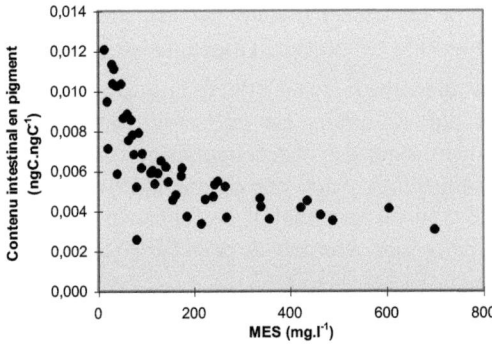

Figure IV. 20 : *E. affinis*. Contenu intestinal en pigment calculé d'après le modèle numérique proposé par P. Herman (voir texte) en fonction de la concentration en MES.

Une autre hypothèse, compatible avec la précédente, pourrait expliquer la décroissance du contenu intestinal en pigment d'*E. affinis* pour des concentrations croissantes en MES. Les MES pourraient avoir favorisé le développement de proies potentielles autres que le phytoplancton (ciliées, nanoflagéllés hétérotrophes, bactéries...). Ces proies se trouveraient alors plus accessibles voire plus attractives que le phytoplancton et seraient ingérées en priorité. Cette hypothèse suggère qu'*E. affinis* aurait un comportement nutritionnel opportuniste, choissisant la proie la plus facile à capturer plutôt qu'un type de proie particulier. Ce genre de comportement est tout à fait envisageable dans des milieux aussi variables que les estuaires. De plus, la capacité d'*E. affinis* à se nourrir de proies non végétales a souvent été démontrée en laboratoire (Heinle *et al.*, 1977 ; Boak et Goulder, 1983).

La baisse du contenu intestinal en pigment d'*E. affinis* pour des concentrations croissantes en MES ne signifie donc pas nécessairement que le nombre ou le volume des particules capturées par ce copépode ait globalement diminué. Par contre, la valeur nutritive des particules, vivantes ou non, susceptibles de s'être substituées aux cellules phytoplanctoniques, pourrait être plus faible (surtout s'il s'agit de détritus).

La décroissance de la quantité de carbone d'origine phytoplanctonique ingérée par *E. affinis* pour des concentrations croissantes en MES s'est fortement apparentée à la décroissance de la fécondité décrite au chapitre III en fonction de ce même facteur. Cette observation suggère que le phytoplancton pourrait jouer un rôle majeur dans la production d'oeufs de cette espèce. Selon plusieurs auteurs le phytoplancton pourrait apporter certains éléments indispensables à la gametogénèse, qu'il s'agisse de vitamines, d'acides aminés ou d'acides gras que ce copépode ne pourrait pas synthétiser par lui-même (Heinle *et al.*, 1977 ; Poli, 1982). Il est également possible que le phytoplancton soit la principale source d'énergie pour *E. affinis*.

A travers la comparaison entre la quantité de carbone d'origine phytoplanctonique ingérée par *E. affinis* et celle nécessaire à sa production d'oeufs, le phytoplancton semble toujours avoir représenté une part significative de son alimentation, d'autant plus que la méthode de la fluorescence intestinale sous-estime généralement l'ingestion (Sautour, 1991). Toutefois, les imprécisions de cette méthode et les approximations successives nécessaires aux différents calculs n'autorisent aucune conclusion définitive. Le phytoplancton a parfois représenté moins de 18 % des besoins liés à la production d'oeufs avec un rendement brut de production d'oeufs (Ki) de 0,09 mais n'a jamais représenté moins de 97 % de cette quantité avec un Ki de 0,50. Une source de nourriture complémentaire semble donc, selon la valeur du Ki utilisée, indispensable ou tout à fait superflue. Un Ki de 0,50 est certainement trop élevé. Le rendement réel, se situe plus probablement au alentour de 0,30 (Conover, 1968 ; Corner et Davies,

1971). Cependant, des variations de ce rendement pouvant intervenir d'une espèce à l'autre comme en fonction de la disponibilité et de la qualité de la nourriture (Mullin et Brooks, 1970 ; Barthel, 1983), il est impossible de trancher entre les différentes valeurs proposées dans la littérature.

Cas d'A. bifilosa

Les travaux consacrés à *A. bifilosa* sont beaucoup plus rares que ceux consacrés à *E. affinis*. A notre connaissance, seuls Irigoien *et al.* (1993) ont estimé la quantité de carbone ingérée quotidiennement par cette espèce. Les valeurs proposées par ces auteurs (0,07 à 0,27 $ngC.ngC^{-1}.j^{-1}$) ont été obtenues dans l'estuaire de la Gironde. Elles sont proches de celles observées dans ce même estuaire au cours de notre étude (0,004 à 0,23 $ngC.ngC^{-1}.j^{-1}$). Dans les deux cas, il s'agit de valeurs particulièrement faibles comparées à celles obtenues dans la baie de Chesapeake par Roman en 1977 (0,16 à 0,95 $ngC.ngC^{-1}.j^{-1}$) ou par White et Roman en 1992 (0,58 $ngC.ngC^{-1}.j^{-1}$) avec une autre espèce estuarienne d'*Acartidae* : *A. tonsa*.

De fortes teneurs en particules inertes semblent être à l'origine des faibles valeurs obtenues dans l'estuaire de la Gironde. Au cours de notre étude, comme au cours de celle menée par Irigoien *et al.* (1993), la quantité de phytoplancton ingérée quotidiennement par *A. bifilosa* a en effet semblé diminuer pour des concentrations croissantes en MES. Cette décroissance est nettement plus abrupte que dans le cas d'*E. affinis*. Elle pourrait refléter une très haute sensibilité d'*A. bifilosa* à ce facteur. Toutefois, une variable indéterminée pouvant être à l'origine d'une partie de la forte dispersion des valeurs pour des concentrations en MES faibles, il n'est possible de conclure sur ce point sans l'appui d'expérience conduite en laboratoire.

Des deux paramètres nécessaires au calcul de la quantité de phytoplancton ingérée par ce copépode, c'est sa vitesse d'évacuation qui a le plus clairement été affectée par des concentrations croissantes en MES. En laboratoire, Irigoien (1994) a montré qu'en fonction de la température (10 à 25 °C), la vitesse d'évacuation d'*A. bifilosa* évoluait entre 0,027 min^{-1} et 0,050 min^{-1}. Une relation avec la température n'a pas été observée dans la Gironde et les vitesses d'évacuation rencontrées (0,002 à 0,032 min^{-1}) se sont avérées beaucoup plus faibles que celles obtenues en laboratoire. On peut donc supposer que dans cet estuaire, les MES ont eu un effet limitant sur la vitesse d'évacuation d'*A. bifilosa*, masquant l'effet de la température et affectant du même coup la quantité de phytoplancton ingéré quotidiennement par ce copépode.

Des relations unissant la vitesse d'évacuation de différentes espèces de copépodes à des paramètres décrivant leur environnement nutritionnel ont souvent été proposée dans la littérature (Murtaugh, 1985 ; Tsuda et Nemoto, 1987 ; Head et Harris, 1987). Généralement, la quantité de nourriture disponible et/ou la qualité de cette nourriture sont mises en cause. Dans notre cas, la concentration en MES semble avoir affecté l'activité nutritionnelle d'*A. bifilosa* indépendamment de la quantité de phytoplancton disponible (absence de corrélation entre la concentration en chlorophylle et la vitesse d'évacuation). Lorsque la concentration en MES est élevée, il est possible que pour *A. bifilosa* la dépense énergétique nécessaire à la sélection et à la capture de ses proies favorites « diluées » dans une énorme quantité de particules minérales soit excessive et que ce copépode cesse de s'alimenter (Sherk et al., 1974 ; Irigoien, 1994).

Un comportement de cette nature pourrait viser à maintenir la qualité des proies ingérées au détriment de la quantité de proies globalement capturées. Cette hypothèse concorderait avec l'absence de différence significative entre les contenus intestinaux mesurés dans l'estuaire de Mundaka et ceux mesurés dans l'estuaire de la Gironde, en dépit des caractéristiques hydrologiques très différentes de ces deux estuaires (voir chap. II).

La quantité de carbone d'origine phytoplanctonique ingérée par *A. bifilosa* a semblé faible mais a néanmoins souvent semblé suffisante pour couvrir une grande partie des besoins liés à sa production d'oeufs. En fait, la fécondité de ce crustacé s'est elle aussi avérée assez faible, n'excédant pas 6 oeufs par femelle et par jour dans l'estuaire de la Gironde (voir chap. III) alors que des valeurs de l'ordre de 30 oeufs par femelle et par jour ont été observée dans l'estuaire de Mundaka et que des valeurs de l'ordre de 40 oeufs par femelle et par jour sont couramment rencontrée chez d'autre espèces d'*Acartidae* (Kiørboe et al., 1985).

Le phytoplancton semble donc jouer un rôle majeur dans le régime alimentaire d'*A. bifilosa*. Toutefois, comme dans le cas d'*E. affinis*, les imprécisions de la méthode adoptée et les incertitudes liées au rendement brut de production d'oeufs de cette espèce ne permettent pas d'affirmer qu'une autre ressource alimentaire n'a pas été exploitée.

Conclusion

    A. bifilosa et *E. affinis* semblent avoir adopté des comportements alimentaires totalement différents, celui d'*A. bifilosa* semblant rendre cette espèce particulièrement sensible à la concentration en MES. Ces comportements alimentaires différents pourraient participer à la ségrégation spatiale et temporelle des deux espèces lorsqu'elles partagent le même estuaire. *E. affinis* se développe généralement dans la zone oligohaline des estuaires alors qu'*A. bifilosa* vit généralement dans les zones méso- et polyhaline. La salinité ne semble pas en mesure d'expliquer cette ségrégation puisque qu'*E. affinis* tolère des salinités comprises entre 0 et 30 ‰ (Castel, 1981) et qu'*A. bifilosa* peut se maintenir à des salinités comprises entre 2 ‰ (Cannicci, 1962) et 30 ‰ (Villate *et al.*, 1993). Par contre, le fait que la zone oligohaline soit également la plus turbide (voir chap. II) pourrait avantager *E. affinis* même si ce copépode n'y trouve pas des conditions idéales à son développement. De même, le fait que les zones méso- et polyhaline soient beaucoup moins turbides et que des blooms phytoplanctoniques puissent s'y produire en été (Irigoien et Castel, 1996) pourrait avantager *A. bifilosa*.

    Le phytoplancton semble jouer un rôle majeur dans l'alimentation des deux copépodes estuariens étudiés. En l'absence de production primaire autochtone significative, ce phytoplancton peut très bien provenir de l'amont, de l'aval ou des berges de l'estuaire. Toutefois, la question de l'importance relative des ressources alimentaires alternatives reste posée. Une autre approche méthodologique semble nécessaire pour aller plus loin dans l'examen des hypothèses évoquées.

V. Rôle du nanoplancton autotrophe et hétérotrophe dans le régime alimentaire *in situ* des copépodes estuariens

V. 1) Introduction

En écologie, on a très longtemps considéré que les copépodes planctoniques se nourrissaient principalement de phytoplancton et que leur ingestion, leur croissance et leur fécondité dépendaient étroitement de la disponibilité de cette ressource. C'est pourquoi la relation trophique entre les copépodes et le phytoplancton a été (et est encore) très étudiée (revue dans Frost, 1980). Toutefois, depuis le milieu des années 60, de nombreuses espèces de copépodes calanoïdes sont apparues comme potentiellement omnivores (Anraku, 1964 ; Carrick *et al.*, 1991 ; Ohman et Runge, 1994) et de nombreux auteurs ont suggéré que les protistes hétérotrophes pourraient représenter une part importante de l'alimentation de ces crustacés de même qu'ils pourraient fournir une part significative de l'énergie nécessaire à leur croissance et à leur reproduction. (Gifford et Dagg, 1988 ; Stoecker et Capuzzo, 1990).

Si les protozoaires constituaient effectivement une part non négligeable du régime alimentaire des copépodes, les transferts d'énergie au sein des réseaux trophiques pélagiques pourraient s'avérer très différents et beaucoup plus complexes que l'on ne le supposait jusqu'à présent (voir Legendre et Rassoulzadegan, 1995). De plus, une diversification du régime alimentaire de ces animaux entraînerait une variabilité nutritionnelle qui pourrait affecter leur croissance et leur reproduction (Kleppel *et al.*, 1991). En conséquence, connaître les rôles respectifs des proies autotrophes et des proies hétérotrophes dans le régime alimentaire des copépodes planctoniques est essentiel à la compréhension de la dynamique des écosystèmes pélagiques.

On ne sait, aujourd'hui encore, que très peu de choses sur la composition du régime alimentaire naturel des copépodes planctoniques et sur l'importance relative des proies autotrophes et hétérotrophes dans leur alimentation. Les observations faites en laboratoire montrant que, par exemple, le taux de filtration d'*A. tonsa* peut être plus élevé pour des ciliés que pour du phytoplancton (Stoecker et Egloff, 1987) sont difficilement extrapolables au milieu naturel où les différentes proies disponibles forment un assemblage particulièrement complexe.

Par ailleurs, les études réalisées *in situ* sur le contenu intestinal en pigments de ces animaux (Mackas et Bohrer, 1976 ; Swadling et Marcus, 1994) n'apportent que très peu d'informations (exception faite des travaux de Kleppel *et al.*, 1988) sur le rôle joué par les proies non végétales.

Dans les estuaires turbides, plusieurs espèces de copépodes sont déjà connues comme potentiellement omnivores. *E. affinis*, par exemple, peut ingérer des ciliées (Berk *et al.*, 1977) ou des détritus (Heinle *et al.*, 1977) aussi bien que des algues. Toutefois, la contribution de chacune de ces ressources alimentaires à l'ingestion et à la production de ces espèces *in situ* reste mal connue. Cette situation tient en partie aux importantes quantités de particules inertes d'origine terrestre en suspension dans les eaux estuariennes. Elles rendent en effet très difficiles à appliquer la plupart des méthodes habituellement utilisées dans les autres environnements aquatiques pour étudier l'activité nutritionnelle des copépodes.

Dans l'estuaire de la Gironde, les matières en suspension (MES) sont principalement composées de silt (Castaing *et al.*, 1984). Leurs concentrations dépassent souvent 500 mg.l^{-1} en surface et des valeurs de l'ordre de 1000 mg.l^{-1} sont courantes à proximité du fond (voir chap. II). En comparaison, la concentration en chlorophylle dépasse rarement 10-20 µg.l^{-1} (Irigoien et Castel, 1996). De fortes concentrations en MES limitant considérablement la pénétration lumineuse, la production primaire dans ce type de milieu est souvent particulièrement faible. Elle semble souvent insuffisante pour soutenir la production secondaire (Heinle et Flemer, 1975 ; Castel et Feurtet, 1989) et contraste avec des densités élevées en copépodes (Castel, 1981).

Dans un tel contexte, la question de l'importance des proies autotrophes et des proies hétérotrophes dans le régime alimentaire des copépodes prend une importance particulière. En effet, si les copépodes estuariens consommaient surtout du phytoplancton, leur développement serait sans doute limité par la faiblesse de cette ressource et la productivité globale de l'écosystème pourrait s'en trouver affectée. A l'inverse, si les copépodes se tournaient vers d'autres ressources potentielles, ces animaux pourraient ne pas connaître de limitations alimentaires ce qui influencerait probablement les flux de matière et d'énergie au sein de l'écosystème. Ils pourraient consommer directement les détritus qui, compte tenu de leur abondance dans ces milieux, ont souvent été présentés comme une ressource alternative possible (Heinle *et al.*, 1977). Ils pourraient également consommer des protistes hétérotrophes dont la valeur nutritive est certainement bien plus élevée que celle des détritus et qui constitueraient alors un lien entre le couple matière organique - bactéries et les copépodes.

Le premier objectif de ce chapitre a donc été d'évaluer la quantité de proies vivantes ingérées quotidiennement par les copépodes dominant de l'estuaire de la Gironde *(E. affinis* et *A. bifilosa)* en distinguant les proies autotrophes des proies hétérotrophes.

D'une manière générale, les copépodes peuvent consommer des proies mesurant 5 à 200 µm et retiennent souvent les proies les plus larges plus efficacement que les proies les plus petites (Frost, 1972 ; Price *et al.,* 1983). Toutefois, dans les estuaires turbides tels que la Gironde, les proies potentielles les plus petites (5-20 µm) sont beaucoup plus nombreuses (Castaing *et al.,* 1984) que les proies potentielles les plus larges (20-200 µm). Généralement, les copépodes planctoniques consomment surtout des proies de petite taille lorsqu'elles sont beaucoup plus abondantes que les proies de grande taille (Poulet et Chanut, 1975 ; Richman *et al.*, 1977 ; Runge, 1980). C'est pourquoi, sans exclure la possibilité que des proies plus grosses soient consommées, seules les proies potentielles dont la taille était comprise entre 5 et 20µm ont fait l'objet d'investigations. Ces proies, lorsqu'elles sont vivantes, correspondent à du nanoplancton.

Le second objectif de ce chapitre a été de déterminer si (1) l'une ou l'autre des deux ressources envisagées (nanophytoplancton ou nanozooplancton) était suffisante à elle seule, si (2) ces deux ressources étaient nécessaires ou si (3) une autre ressource alimentaire (bactéries, détritus ou proies plus grosses) devait être envisagée pour soutenir la production des copépodes étudiés. La production a été estimée à partir de la fécondité. L'ensemble de ces investigations ont été conduites en tenant compte des différents paramètres environnementaux susceptibles d'affecter l'activité nutritionnelle des copépodes.

V. 2) Matériels et méthodes

Echantillonnage

Les échantillonnages et les mesures ont été effectués une fois par mois, entre avril et novembre 1995, à deux stations de l'estuaire de la Gironde : la station F et la station E. La station F est située dans la zone mesohaline de l'estuaire, à environ 70 km en aval de la ville de Bordeaux. *A. bifilosa* y est généralement l'espèce dominante. La station E est située dans la zone oligohaline de l'estuaire, à environ 50 km en aval de Bordeaux. *E. affinis* y est généralement l'espèce la plus abondante. Tous les échantillons ont été récoltés à environ 50 cm sous la surface.

Paramètres physico-chimiques

La température et la salinité ont été mesurées à l'aide d'un thermomètre-conductimètre YSI 33. La concentration en oxygène a été obtenue à l'aide d'un oxymètre Orbisphère 2609. La teneur en MES a été déterminée par pesée après filtration de 100 à 250 ml d'eau estuarienne sur des filtres Whatman GF/C de 47 mm de diamètre (porosité 0,45 µm) et séchage à l'étuve à 60 °C durant 24 heures.

Nanophytoplancton et nanozooplancton ingérés par les copépodes

Les copépodes ont tout d'abord été collectés à l'aide d'un filet à plancton WP2 standard de 200 µm de vide de maille. Neufs bouteilles en verre ont ensuite été remplies avec 100 ml d'eau de l'estuaire filtrée sur 63µm et environ 30 adultes de l'espèce dominante (*E. affinis* ou *A. bifilosa*) ont été délicatement pipetés et répartis dans trois d'entre elles (10 adultes par bouteille, principalement des femelles). Trois bouteilles sans copépodes, destinées à l'évaluation des concentrations initiales en proies, ont immédiatement été fixées. Les six autres bouteilles (trois avec copépodes et trois sans copépodes) ont été incubées durant 24 heures dans des conditions de température et de lumière naturelles, correspondant à la profondeur de l'échantillonnage. Aucun additif n'a été ajouté dans les bouteilles sans copépodes (témoins) pour simuler l'excrétion de ces animaux. L'excrétion des copépodes a en effet été supposée négligeable comparée aux concentrations en sels nutritifs des eaux de la Gironde (N = 100 µM; P = 2-5 µM; Irigoien et Castel, 1996). Les échantillons ont été fixés avec 1% de glutaraldehyde et 0,1 % de paraformaldehyde (concentrations finales) puis stockés à 4°C et à l'abri de la lumière (Lovejoy *et al.*, 1993).

De retour au laboratoire, le nombre de cellules nanoplanctoniques a été déterminé dans chaque bouteille. La quantité nécessaire à une concentration finale de 0,1 µg.l^{-1} du fluorochrome 4'-6-diamidino-2-phenylindole (DAPI) a tout d'abord été ajoutée. Puis, après un repos de 15 minutes afin que ce fluorochrome puisse se fixer à l'ADN des cellules, l'échantillon a été homogénéisé par plusieurs retournements successifs. Trois volumes compris entre 3 et 10 ml (en fonction de la charge en particules) ont ensuite été prélevés avec délicatesse et filtrés sur des membranes isopores translucides de 25 mm de diamètre et de 5µm de porosité. La dépression nécessaire à cette filtration n'a jamais excédé 5 mm Hg. Chaque membrane a été montée entre lame et lamelle et a été examinée à l'aide d'un microscope à épifluorescence équipé d'un bloc d'excitation UV, d'un oculaire X10 et d'un objectif X100 à immersion huileuse.

En utilisant cette procédure, il a été possible de localiser et de différencier les cellules nanozooplanctoniques des cellules nanophytoplanctoniques car en épifluorescence, les noyaux marqués au DAPI apparaissent bleus alors que les chloroplastes, en relation avec l'autofluorescence de la chlorophylle, apparaissent rouge (Fig. V. 1).

Des membranes translucides ont été préférées à des membranes noires, pourtant plus classiques, car elles permettent d'alterner les observations en épifluorescence et en lumière transmise. Une telle alternance a parfois été utilisée pour identifier les organismes nanoplanctoniques en tant que tels dans les échantillons les plus turbides. La porosité qui a été choisie (5µm) laisse passer une grande partie des particules minérales en suspension des eaux de la Gironde (les plus abondantes mesures entre 1,5 et 2,5 µm, Weber *et al.*, 1991). Les organismes nanoplanctoniques sont ainsi nettement plus visibles que pour des porosités plus faibles qui retiennent plus de particules inertes pouvant masquer la fluorescence. Cette porosité laisse également passer la plupart des bactéries mais ces dernières ne font pas l'objet de cette étude.

Le nombre d'organismes nanoplanctoniques par unité de volume a été calculé d'après Sherr et Sherr (1983) en multipliant le nombre moyen de cellules présentes dans un champ d'observation du microscope par le nombre de champs sur une membrane et en divisant le tout par le volume filtré. Pour chaque lame, au moins 100 champs ont été examinés. En général 30 à 130 organismes nanoplanctoniques furent dénombrés.

Le nombre de cellules nanoplanctoniques ingérées par les copépodes a été calculé à l'aide des équations de Frost (1972). Ces équations sont présentées dans l'encadré V. 1. La valeur obtenue à ensuite été convertie en terme de carbone (ngC. ind^{-1}. j^{-1}) en utilisant le volume moyen de 30 cellules et un facteur de conversion de 0,15 gC.ml^{-1} (Strathmann, 1967 ; Carrick *et al.*, 1991).

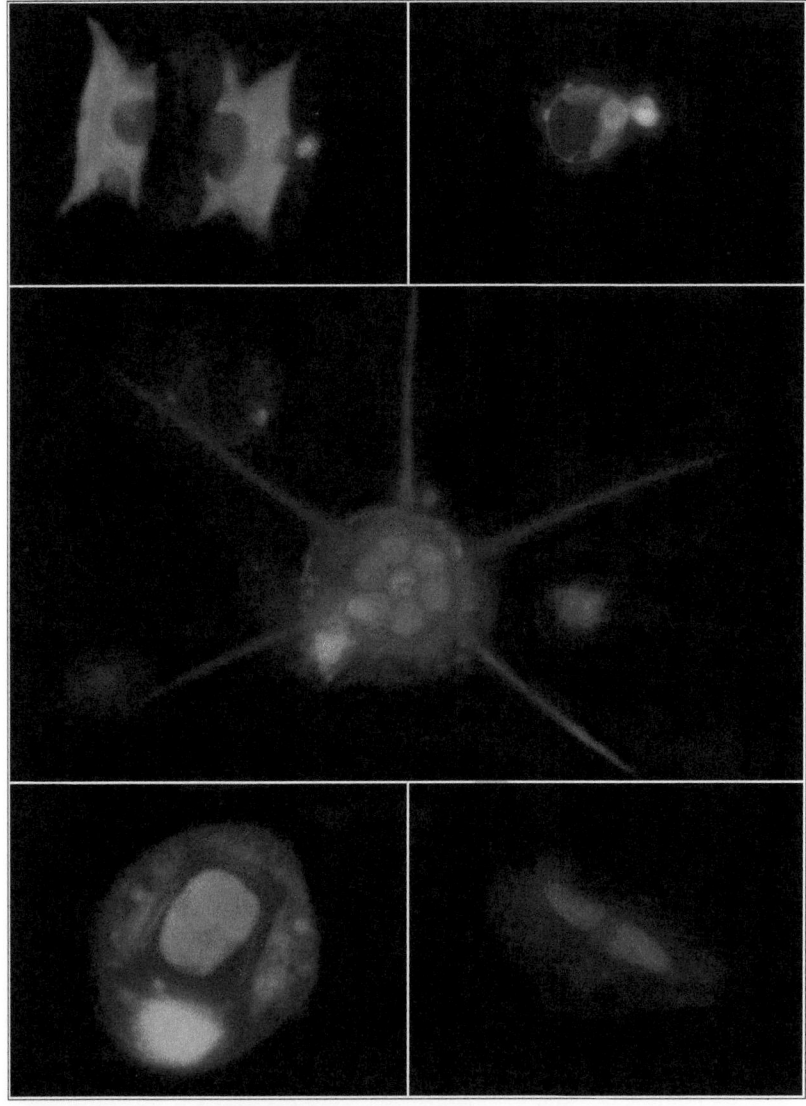

Figure V. 1 : Photographies en épiflorescence d'organismes nanoplanctoniques de l'estuaire de la Gironde montrant l'autofluorescence rouge des chloroplastes et la fluorescence bleue des noyaux marqués au DAPI. 1 cm représente 3 µm.

- Rôle du nanoplancton -

> **Encadré V. 1 : Equations de Frost (1972)**
>
> En mesurant la concentration en nourriture dans des bouteilles contenant des copépodes et la concentration en nourriture dans des bouteilles ne contenant pas de copépodes avant et après incubation, on peut évaluer la quantité de proies ingérée par copépode et par unité de temps (I) à l'aide de l'équation suivante :
>
> $$I \text{ (en nombre.ind}^{-1}.\text{heure}^{-1}) = F\, Co\, (e^{(k-g)t} - 1) / (k-g)\, t$$
>
> avec :
>
> F (Taux de filtration en ml.ind^{-1}.heure^{-1}) = $g\, V / n$
>
> g (Taux de broutage en h^{-1}) = $1/t\, (\ln(Ct/Cc))$
>
> k (Taux de croissance des proies en h^{-1}) = $1/t\, (\ln(Ct/Co))$
>
> t : Durée de l'incubation (en heures).
>
> Ct : Concentration en proies dans les bouteilles sans copépodes à la fin de l'incubation (nombre.ml^{-1}).
>
> Co : Concentration en proies au début de l'incubation (en principe identique dans les bouteilles avec ou sans copépodes (nombre.ml^{-1}).
>
> Cc : Concentration en proies dans les bouteilles avec copépodes à la fin de l'incubation (nombre.ml^{-1}).
>
> V : Volume des enceintes expérimentales (ml).
>
> n : Nombre de copépodes dans les enceintes expérimentales.

Besoins en carbone des copépodes

Les besoins en carbone (Cr) des copépodes adultes ont été estimés à partir de leur fécondité mesurée *in situ* (F, en oeufs par femelle et par jour), en utilisant l'équation proposée par Peterson *et al.* (1990) :

$$Cr = (F \cdot Ce) / Ki$$

avec Ce : contenu en carbone d'un oeufs
Ki : rendement brut de production d'oeufs

La fécondité a été mesurée en parallèle à chaque incubation destinée à une évaluation de l'ingestion. La méthode utilisée est celle décrite au chapitre III. 2. Le poids en carbone des oeufs a été évalué pour chaque expérience à partir du volume moyen de 30 d'entre eux en appliquant un facteur de conversion de 0,14 gC.ml^{-1} (chap. IV. 2).

Les valeurs de Ki sont assez variables dans la littérature (Barthel, 1983 ; White et Roman, 1992). Trois cas ont donc été envisagés, une valeur faible de 0,09 (Heinle *et al.*, 1977), une valeur élevée de 0,50 (Kiørboe *et al.*, 1985) et une valeur intermédiaire de 0,30.

V. 3) Résultats

Les valeurs d'ingestion obtenues au cours de ce chapitre ont été réunies dans le tableau V. 1. L'ingestion de nanophytoplancton s'est avérée significative au cours de toutes les expériences conduites avec *E. affinis* au cours de 5 des 8 expériences conduites avec *A. bifilosa*. L'ingestion de nanozooplancton a moins souvent été significative : dans 3 cas sur 6 avec *E. affinis* et dans seulement 1 cas sur 8 avec *A. bifilosa*.

Espèce	Date	Station	Nanophytoplancton ingéré (cellules.ind.$^{-1}$.h^{-1})	Niveau de signification	Nanozooplancton ingéré (cellules.ind.$^{-1}$.h^{-1})	Niveau de Signification
Eurytemora affinis	11/04	F	994 ± 79	**	55 ± 11	*
	12/04	E	212 ± 17	**	694 ± 157	*
	23/05	E	314 ± 122	*	712 ± 298	
	07/06	E	824 ± 47	*	67 ± 35	
	05/07	E	200 ± 35	*	100 ± 51	
	15/11	E	248 ± 44	*	628 ± 21	**
Acartia bifilosa	22/05	F	323 ± 56	**	9 ± 9	
	06/06	F	1015 ± 145	**	678 ± 68	**
	04/07	F	730 ± 47	***	77 ± 52	
	19/09	F	172 ± 94		131 ± 131	
	20/09	E	196 ± 103		163 ± 55	
	17/10	F	902 ± 26	**	112 ± 60	
	18/10	E	132 ± 66		195 ± 98	
	14/11	F	95 ± 31	*	33 ± 18	

Tableau V. 1 : Nanophytoplancton et nanozooplancton ingérés par les espèces dominantes de copépodes de l'estuaire de la Gironde. Moyennes ± erreurs standards (n = 3). * $p<0.05$, ** $p<0.01$, *** $p<0.001$, H0 : nombre de proies dans les bouteilles sans copépode = nombre de proies dans les bouteilles avec copépodes.

Même si le nanozooplancton semble avoir été moins fréquemment ingéré que le nanophytoplancton, les deux types de proies peuvent être considérées comme faisant partie du régime alimentaire des copépodes étudiés, au moins dans certaines circonstances.

Dans le cas d'*E. affinis*, la quantité totale de nanoplancton ingérée (nanozooplancton + nanophytoplancton) n'a pas varié de manière importante d'une expérience à l'autre. Seule la valeur obtenue en juillet (300 ± 86 cellules.ind^{-1}.h^{-1}) s'est avérée significativement différente (test t, $p < 0,05$) des 5 autres (entre 1049 ± 90 et 876 ± 65 cellules.ind^{-1}.h^{-1}). Par contre, les quantités de nanophytoplancton et de nanozooplancton ingérées, prises indépendamment l'une de l'autre, se sont avérées particulièrement variables. Des différences ont pu être observées d'un mois à l'autre comme d'une station à l'autre (en avril). La quantité de nanophytoplancton ingérée a parfois été plus élevée (significativement en avril, station F) mais a parfois été plus faible (significativement en novembre, station E) que la quantité de nanozooplancton ingérée. Cette observation suggère que la composition du régime alimentaire d'*E. affinis* pourrait changer en fonction des conditions environnementales.

Dans le cas d'*A. bifilosa*, la quantité totale de nanoplancton ingérée (nanozooplancton + nanophytoplancton) a varié en fonction de la saison. La plus forte valeur a été rencontrée en juin (1693 ± 213 cellules.ind^{-1}.h^{-1}). C'est à cette période qu'*A. bifilosa* connaît habituellement un développement maximum (Castel, 1993). L'essentiel de la variabilité observée peut être attribuée aux changements de la quantité de nanophytoplancton ingérée alors qu'en comparaison, la quantité de nanozooplancton ingérée est resté relativement faible et stable (juin excepté). *A. bifilosa* a presque toujours ingéré plus de nanophytoplancton que de nanozooplancton (significativement dans 4 cas sur 8, test t, p < 0,05).

Les conditions environnementales rencontrées durant les expérimentations ont été regroupées dans le tableau V. 2.

Date	Station	Nanophytoplancton (cellules.ml^{-1})	Nanozooplancton (cellules.ml.$^{-1}$)	T (°C)	S (psu)	O$_2$ (%)	MES (mg.l^{-1})
Expériences conduites avec *E. affinis*							
11/04	F	727 ± 44	205 ± 22	12.3	8.5	---	57
12/04	E	512 ± 128	3442 ± 226	14.1	0.8	---	305
23/05	E	4510 ± 885	9021 ± 1459	17.3	4.0	83.7	410
07/06	E	3936 ± 588	5043 ± 668	20.0	5.1	78.5	136
05/07	E	4223 ± 872	10661 ± 603	24.5	7.2	82.1	225
15/11	E	1148 ± 144	3451 ± 266	15.1	8.5	84.0	252
Expériences conduites avec *A. bifilosa*							
22/05	F	3936 ± 596	2870 ± 241	17.5	8.8	83.9	94
06/06	F	4202 ± 526	3219 ± 397	18.9	11.4	82.8	87
04/07	F	4920 ± 376	1967 ± 161	22.1	14.9	82.6	48
19/09	F	4510 ± 249	3075 ± 702	18.3	21.2	86.6	78
20/09	E	6424 ± 731	8952 ± 566	22.0	8.7	84.0	284
17/10	F	3954 ± 609	1558 ± 177	18.8	16.1	80.5	49
18/10	E	3826 ± 623	5125 ± 1097	19.3	8.0	77.7	374
14/11	F	348 ± 61	697 ± 93	13.5	14.9	85.8	111

Tableau V. 2 : Concentrations en nanophytoplancton et en nanozooplancton (moyennes ± Err. Std., n = 3), température (T), salinité (S), pourcentage de saturation en oxygène (O$_2$) et concentration en matières en suspension (MES) au début des expériences conduites avec *E. affinis* et *A. bifilosa*.

Aucune relation claire (test r, p > 0,05) n'a été observée entre la quantité de proies ingérée quotidiennement par l'une ou l'autre des deux espèces étudiées et les paramètres environnementaux qui affectent classiquement l'ingestion (température et concentration en proies).

Une combinaison de ces facteurs (entre eux ou avec d'autres) dans le contrôle de l'activité nutritionnelle des copépodes étudiés pourrait être à l'origine de cette absence de corrélation, d'autant plus que les relations attendues ne sont pas forcement linéaires. Malheureusement, les valeurs obtenues ne sont pas assez nombreuses pour éclaircir cette question.

Par contre, l'ingestion des copépodes étudiés a semblé très affectée par des concentrations en MES élevées (Fig. V. 2).

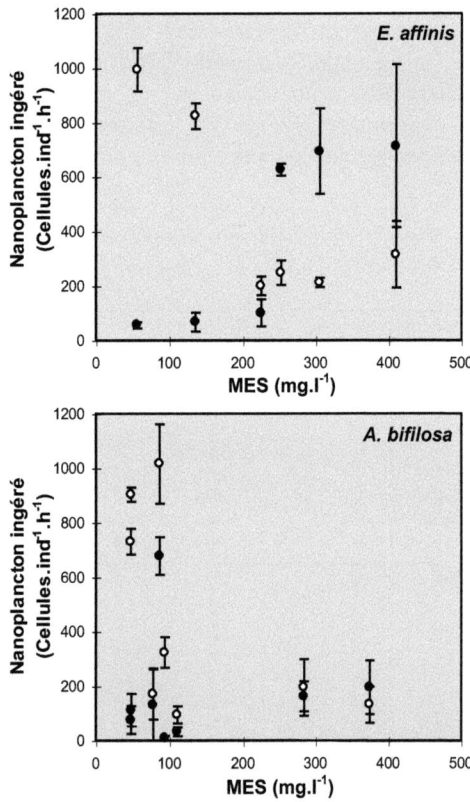

Figure V. 2 : Nanophytoplancton (cercles vides) et nanozooplancton (cercles pleins) ingérés par *Eurytemora affinis* (en haut) et par *Acartia bifilosa* (en bas) en fonction de la concentration en MES (moyennes ± err. std.).

Dans le cas d'*E. affinis*, l'ingestion de nanophytoplancton est apparue nettement plus importante pour des concentrations en MES modérées que pour des concentrations en MES élevées (plus de 200 mg.l^{-1}). A l'inverse, l'ingestion de nanozooplancton par cette espèce a semblé faible pour des concentrations en MES modérées et a semblé forte pour des concentrations en MES élevées.

D'un point de vue numérique, la réduction du nombre de proies nanophytoplanctoniques ingérées semble avoir été compensée par l'augmentation du nombre de proies nanozooplanctoniques ingérées. Il semble donc qu'*E. affinis* ait changé de régime alimentaire lorsque la concentration en MES a augmenté.

Dans le cas d'*A. bifilosa*, l'ingestion de nanoplancton, qu'il s'agisse de nanophytoplancton ou de nanozooplancton, a toujours été plus élevée pour des concentrations en MES faibles (< 100 mg.l^{-1}) que pour des concentrations en MES élevées. Cette observation suggère que l'activité nutritionnelle d'*A. bifilosa* pourrait être fortement limitée par d'importantes concentrations en particules.

Des informations complémentaires ont été obtenues en figurant les valeurs du rapport entre le nombre d'organismes nanophytoplanctoniques ingérés et le nombre total d'organismes nanoplanctoniques ingérés en fonction du rapport entre le nombre d'organismes nanophytoplanctoniques dans l'eau et le nombre total d'organismes nanoplanctoniques dans l'eau (Fig. V. 3).

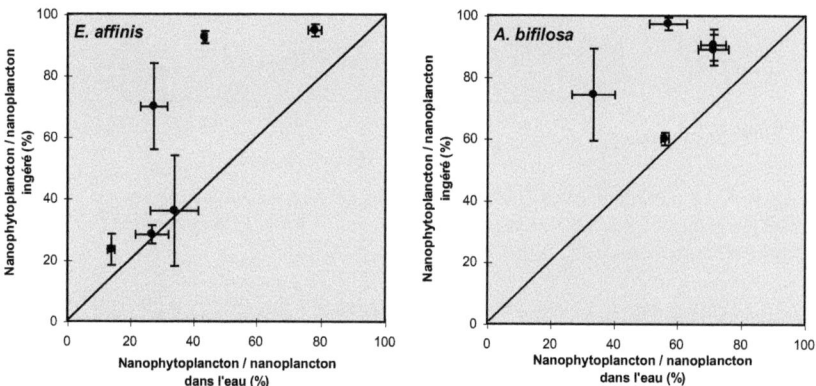

Figure V. 3 : Rapport entre le nombre d'organismes nanophytoplanctoniques ingérés et le nombre total d'organismes nanoplanctoniques ingérés par *E. affinis* (à gauche) ou par *A. bifilosa* (à droite) en fonction du même rapport dans l'eau (moyennes ± err. std.).

Seules les valeurs d'ingestion significativement différentes de zéro ont été utilisées pour calculer ces rapports. On peut observer que le rapport calculé pour les organismes ingérés a souvent été significativement supérieur et n'a jamais été inférieur au rapport calculé pour les organismes présents dans l'eau. Ce résultat indique que le nanophytoplancton a été consommé en disproportion de son abondance numérique dans le milieu. En d'autres termes, les deux copépodes étudiés ont exercé une pression de prédation significativement plus élevée sur le nanophytoplancton que sur le nanozooplancton.

Dans le cas d'*E. affinis*, le rapport des organismes ingérés semble cependant avoir augmenté avec le rapport des organismes présents dans l'eau. Cette observation pourrait expliquer en partie la relation entre l'ingestion et la concentration en MES décrite plus haut, dans la mesure où la proportion de nanophytoplancton dans le milieu a fortement diminué pour des concentrations croissantes en MES. (Fig. V. 4). Une observation similaire n'a pas été faite dans le cas d'*A. bifilosa*.

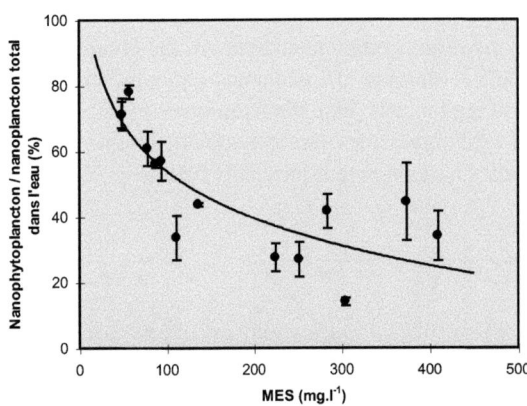

Figure V. 4 : Rapport entre le nombre d'organismes nanophytoplanctoniques et le nombre total d'organismes nanoplanctoniques dans l'eau en fonction de la concentration en MES. Les barres verticales indiquent les erreurs standards.

Finalement, la quantité de carbone ingérée sous la forme de nanophytoplancton ou de nanozooplancton a été estimée puis a été comparée aux besoins en carbone reflétés par la fécondité des copépodes étudiés (Fig. V. 5). Aux cours de ces expériences, la fécondité d'*E. affinis* a varié entre 0,34 et 4,79 oeufs par femelle et par jour. Celle d'*A. bifilosa* a varié entre 0,3 et 5,49 oeufs par femelle et par jour.

En supposant que le rendement brut de production d'oeufs de ces animaux soit de 0,3, on constate que quel que soit l'espèce considérée, l'ensemble du carbone d'origine nanoplanctonique ingéré a toujours couvert les besoins reflétés par la fécondité. Cette observation suggère que le nanoplancton dans son ensemble pourrait fournir une grande partie, sinon la totalité, de l'énergie utilisée par ces copépodes. Une autre ressource alimentaire (proies plus grosses, proies plus petites ou proies non vivantes) pourrait ne pas être nécessaire.

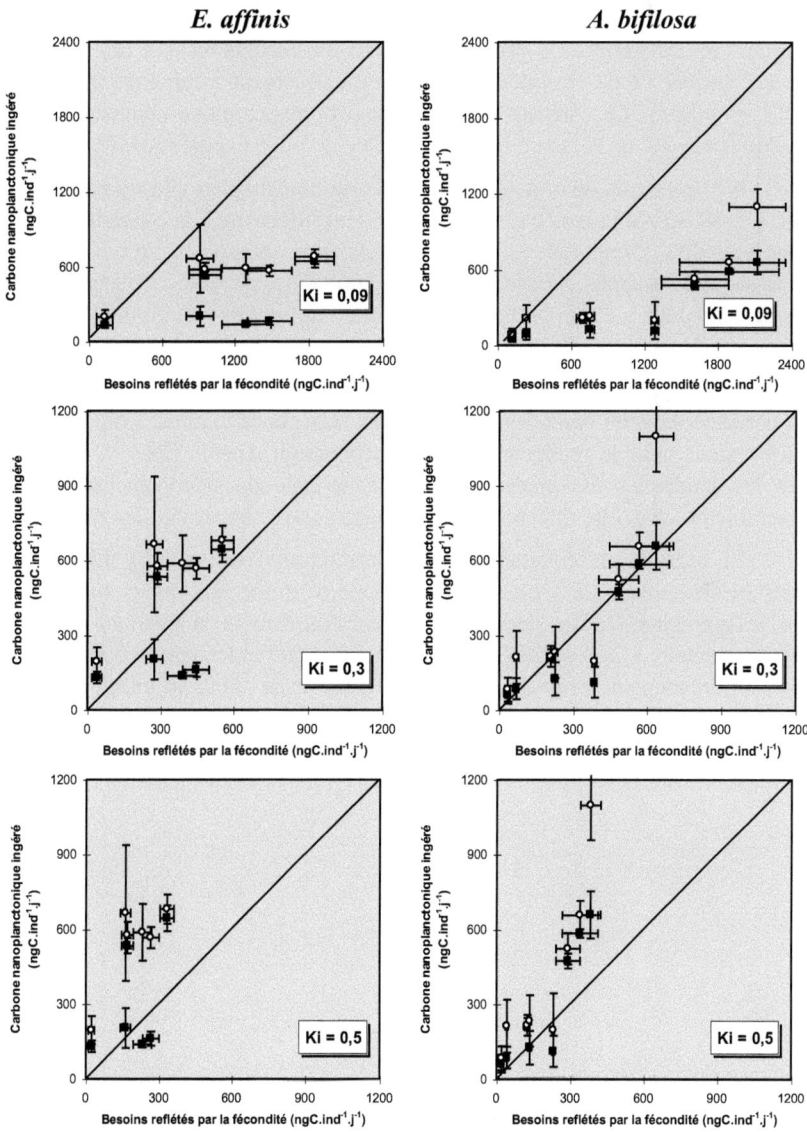

Figure V. 5 : Carbone nanophytoplanctonique ingéré (carrés pleins) et carbone nanophytoplanctonique + carbone nanozooplanctonique ingéré (cercles vides) par *E. affinis* (à gauche) ou par *A. bifilosa* (à droite) en fonction des besoins en carbone calculés à partir de valeurs de fécondité mesurées et de rendements bruts de production d'oeufs de 0,09 (en haut), de 0,3 (au centre) ou de 0,5 (en bas).

Le carbone d'origine nanophytoplanctonique ingéré par *E. affinis* n'a pas toujours été suffisant à lui seul pour couvrir les besoins reflétés par la fécondité de cet animal (2 des 6 valeurs sont significativement inférieures aux besoins, test t, $p < 0{,}05$). Le carbone d'origine nanozooplanctonique semble donc avoir quelquefois joué un rôle non négligeable dans le bilan énergétique d'*E. affinis*.

A l'inverse, la quantité de carbone d'origine nanophytoplanctonique ingérée par *A. bifilosa* n'a jamais été significativement inférieure à la quantité nécessaire à sa fécondité. L'importance relative du nanozooplancton semble très faible pour cette seconde espèce. Dans le seul cas où la quantité de nanozooplancton ingérée par ce copépode a été importante, le carbone total ingéré a largement dépassé les besoins reflétés par sa fécondité.

Du point de vue de l'importance relative du nanophytoplancton par rapport au nanozooplancton dans l'alimentation des copépodes étudiés, l'utilisation d'une autre valeur pour le rendement brut de production d'oeufs (Fig. V. 5) n'affecte pas les tendances évoquées. Par contre, le rôle du nanoplancton dans son ensemble pourrait être différent de celui suggéré avec un rendement de 0,3.

En utilisant un rendement brut de production d'oeufs de 0,5 (Fig. V. 5), on constate seulement que la quantité de carbone d'origine nanoplanctonique ingérée par les animaux étudiés dépasserait plus fréquemment la quantité de carbone juste nécessaire à la fécondité que dans la cas d'un rendement de 0,3. Par contre, avec un rendement brut de production d'oeufs de 0,09, le carbone d'origine nanoplanctonique ne serait plus toujours suffisant pour couvrir les besoins reflétés par la fécondité. Ainsi, le nanoplancton ne représenterait plus que 74 % en moyenne des besoins d'*E. affinis* et 43 % en moyenne de ceux d'*A. bifilosa*.

V. 4) Discussion

Les résultats obtenus au cours de ce chapitre montrent que les deux copépodes étudiés, *E. affinis* et *A. bifilosa*, ont ingéré du nanophytoplancton lorsqu'il était disponible plutôt que du nanozooplancton. De plus, on peut raisonnablement supposer que le nanophytoplancton a été sélectionné parmi l'ensemble des proies nanoplanctoniques présentes dans le milieu puisqu'il a souvent été ingéré en disproportion de son abondance relative dans la gamme des particules vivantes mesurant 5 à 20 µm.

Une relation trophique privilégiée entre copépodes et phytoplancton n'est pas surprenante dans la mesure où de nombreux exemples illustrant des relations de cette nature existent dans la littérature (Paffenhöfer *et al.*, 1982 ; Price *et al.*, 1983). Cependant, dans un environnement estuarien turbide tel que celui de la Gironde, où le phytoplancton est une ressource limitée, et sachant que les copépodes estuariens sont potentiellement omnivores (Berk *et al.*, 1977 ; Stoecker et Egloff, 1987), un rôle important du nanophytoplancton dans le régime alimentaire des espèces étudiées n'était pas forcement attendu.

Ces observations n'excluent pas le nanozooplancton en tant que ressource alimentaire alternative ou complémentaire. De ce point de vue, les résultats ont été substantiellement différents entre les deux espèces étudiées.

Dans le cas d'*E. affinis* l'ingestion de nanozooplancton n'a été importante que lorsque l'ingestion de nanophytoplancton a été faible. Cette observation suggère qu'*E. affinis* pourrait utiliser le nanozooplancton comme une ressource alternative pour compenser une faible disponibilité du nanophytoplancton. Le nanozooplancton pourrait donc constituer l'essentiel de la nourriture de ce crustacé dans certaines circonstances à condition toutefois que les proies n'ayant pas fait l'objet de cette investigation ne soient pas consommées de manière plus importante encore. Quoi qu'il en soit, le comportement alimentaire d'*E. affinis* semble s'apparenter à un comportement opportuniste, cet animal ayant consommé les proies les mieux représentées parmi celles qui ont été étudiées ici.

A l'inverse, dans le cas d'*A. bifilosa*, l'ingestion de nanozooplancton a rarement été importante (7 valeurs sur 8 ont été inférieures à 200 cellules.ind^{-1}.h^{-1}) et la seule valeur significative a été obtenue lorsque l'ingestion de nanophytoplancton a également été élevée. Ainsi, le nanozooplancton est apparu comme une ressource complémentaire possible pour ce copépode mais n'a jamais semblé être sa nourriture principale.

Avec un rendement brut de production d'oeufs supposé égal à 0,3, l'ensemble du carbone d'origine nanoplanctonique ingéré a toujours semblé suffisant à la couverture des besoins reflétés par la fécondité des copépodes étudiés. Si cette valeur de rendement s'avérait exacte, une autre source de carbone pourrait ne pas être nécessaire.

Dans le cas d'*E. affinis,* les besoins calculés à l'aide de cette valeur de rendement ont parfois été couvert par le nanophytoplancton seul (4/6 expériences), parfois par le nanozooplancton seul (2/6 expériences). Dans la mesure où la fécondité d'*E. affinis* n'a jamais été nulle au cours des expériences, le nanozooplancton semble en mesure d'assurer la survie et le développement de ce copépode même s'il ne constitue pas forcement la meilleure nourriture possible. A l'inverse, dans le cas d'*A. bifilosa,* les besoins en carbone calculés à l'aide de cette valeur de rendement ont presque toujours été couverts par le nanophytoplancton à lui seul et la contribution du nanozooplancton a presque toujours semblé négligeable. Le nanoplancton végétal pourrait donc jouer un rôle prépondérant dans le régime alimentaire de ce crustacé.

L'utilisation d'une autre valeur de rendement brut de production d'oeufs n'affecte pas nos résultats quant à l'importance relative du nanophytoplancton par rapport au nanozooplancton dans le régime alimentaire des copépodes étudiés. Par contre, l'importance relative du nanoplancton dans sa globalité par rapport aux autres ressources possibles dépend du rendement choisi. Une ou plusieurs ressources alimentaires non nanoplanctoniques semblent en effet indispensables si l'on utilise un rendement brut de production d'oeufs très inférieur à 0,3.

Dans le cas d'*E. affinis*, l'utilisation de la plus faible valeur de rendement trouvée dans la littérature (0,09, Heinle et al., 1977) réduit le pourcentage des besoins en carbone couvert par le nanoplancton à 74 % en moyenne. Des détritus (Heinle et al., 1977), des bactéries (Gyllenberg, 1984) ou du microzooplancton (White et Roman, 1992) pourraient donc représenter une part non négligeable du régime alimentaire *in situ* de ce copépode. Le nanoplancton resterait toutefois sa principale nourriture.

En appliquant cette valeur particulièrement faible aux données obtenues avec *A. bifilosa,* seuls 43% en moyenne des besoins en carbone de cet animal restent couverts par le nanoplancton. Dans ce second cas, des proies non nanoplanctoniques (détritus, ciliées de grande taille, rotifères ou même *nauplii*) pourraient représenter des ressources en carbone majeures. Le nanoplancton ne représenterait plus la principale ressource mais resterait une nourriture significative.

Des valeurs de rendement brut de production d'oeufs aussi faibles sont relativement rares dans la littérature. Lorsqu'elles existent, elles correspondent à des expériences conduites en laboratoire, les copépodes étant en présence de fortes concentrations en nourriture. Les valeurs de fécondité mesurées dans l'estuaire de la Gironde au cours de cette étude (voir chap. III) sont faibles comparées à celles décrites par d'autres auteurs pour *E. affinis* (jusqu'à 30 oeufs par femelle et par jour, Ban, 1994) comme pour *A. bifilosa* (plus de 40 oeufs par femelle et par jour, Kiørboe *et al.*, 1985). Elles reflètent probablement des conditions nutritives particulièrement défavorables dans ce milieu (Laane *et al*, 1987). Dans de telles conditions, on considère généralement que le rendement brut de production d'oeufs est élevé (Heinle *et al.*, 1977). Une valeur au alentour de 0,3 semble donc plus réaliste qu'une valeur de 0,09 (voir chap. VI).

Le nombre total de proies nanoplanctoniques ingérées par *E. affinis* est apparue relativement stable d'une expérience à l'autre mais le nombre de proies nanophytoplanctoniques ingérées par cet animal n'a cessé de diminuer pour des concentrations croissantes en MES. Pour des concentrations en MES inférieure à 100 mg.l^{-1}, Tackx *et al.* (1995) ont montré que ce copépode sélectionnait des proies phytoplanctoniques. On peut donc supposer que l'observation précédente résulte d'une diminution de l'efficacité de cet animal à sélectionner ses proies « préférées » lorsque la concentration en MES augmente mais qu'il ne cesse pas de s'alimenter lorsque ces proies viennent à se raréfier.

A l'opposé, la proportion de nanophytoplancton dans le régime alimentaire d'*A. bifilosa* n'a pas changé de manière significative en fonction de la concentration en MES. Elle est resté relativement élevée. C'est la quantité globale de nanoplancton ingérée (donc dominée par des formes autotrophes) qui a été nettement plus faible pour des concentrations en MES élevées. En conséquence, on peut supposer qu'*A. bifilosa* a réduit son taux d'ingestion plutôt que d'ingérer une grande quantité de proie « indésirables » en réduisant son effort de sélection.

Ces hypothèses concordent avec les résultats présentés et discutés dans le chapitre IV sur la vitesse d'évacuation.

Ainsi, dans le même estuaire, deux espèces de copépode paraissent adopter deux comportements alimentaires différents qui pourraient correspondre à deux différentes manières d'optimiser le rapport entre l'énergie apportée par la nourriture et l'énergie nécessaire pour la capturer.

De telles différences de comportements ont déjà été suggérées par Irigoien *et al.* (1996). Ces auteurs ont proposé *E. affinis* comme une espèce adaptée aux environnements turbides alors que l'activité alimentaire d'*A. bifilosa* serait fortement limitée en présence de fortes concentrations en MES. Les résultats obtenus dans ce chapitre corroborent ces hypothèses.

Bien qu'*E. affinis* ait semblé capable de maintenir son ingestion en terme de quantité, cela ne signifie pas que la valeur nutritive des proies ingérées par cet animal n'ait pas changé. En fait, plusieurs travaux indiquent que le développement d'*E. affinis* est sérieusement affecté par des concentrations en MES élevées (Sherk *et al.*, 1974 ; Castel et Feurtet, 1993) et les résultats présentés dans le chapitre III montrent clairement que la fécondité de ce copépode décroît pour des concentrations croissantes en MES. Le nanozooplancton qui semble dans ce cas représenter l'essentiel de la nourriture de ce copépode, pourrait avoir une valeur nutritionnelle plus faible que le nanophytoplancton (rapport C:N plus faible ou absence de certains éléments indispensables à la croissance d'*E. affinis* par exemple). On peut également envisager que l'effort nécessaire à la capture des proies nanozooplanctoniques soit plus élevé que celui nécessaire à la capture des proies nanophytoplanctoniques. L'aptitude des premières à éviter la capture pourrait, par exemple, être supérieure à celle des secondes. Enfin, il est possible que l'effort nécessaire à la capture des proies soit plus élevé en présence de fortes concentrations en MES qu'en présence de faibles concentrations en MES, ne serait-ce que parce que de fortes concentrations en MES entraîneraient un important travail de tri pour l'animal.

V. 5) Conclusion

Lorsque *E. affinis* et *A. bifilosa* cohabitent dans le même estuaire, ces deux espèces sont clairement séparées dans l'espace et dans le temps. *E. affinis* se développe généralement dans la zone oligohaline et présente des effectifs importants au printemps et en automne (Castel, 1993). A l'inverse, *A. bifilosa* vit généralement dans la zone méso- polyhaline et s'avère plus abondante en été. La salinité et la température ne suffisent pas à expliquer la distribution de ces copépodes en général et leur ségrégation spatio-temporelle en particulier. Ces animaux tolèrent en effet des gammes de températures et de salinités bien plus larges que celles associées aux zones et aux saisons décrites plus haut (Castel, 1981).

A l'aide des informations récoltées au cours de ce chapitre, on peut supposer que le comportement alimentaire de ces copépodes pourrait jouer un rôle important dans cette ségrégation.

Bien que *E. affinis* ait semblé préférer le nanophytoplancton, sa capacité à utiliser du nanozooplancton en tant que ressource alimentaire alternative pourrait conférer à cet animal un avantage non négligeable au niveau de la zone oligohaline de l'estuaire. Cette zone est en effet presque toujours la zone la plus turbide et le nanoplancton n'y est que sporadiquement dominé par des formes autotrophes (Fig. V. 3 et Tableau V. 2). La préférence de ce copépode pour proies nanophytoplanctoniques peut sembler paradoxale dans un environnement turbide où la production primaire est souvent très faible voire nulle. Cette préférence pourrait correspondre à l'utilisation des apports provenant des berges ou de la rivière qui alimente l'estuaire. Ces apports sont généralement plus importants au printemps et en automne (forte production primaire continentale et/ou lessivage des berges en liaison avec les phénomènes de crue) et coïncident avec les pics d'abondance d'*E. affinis*.

A. bifilosa a également semblé préférer le nanophytoplancton, mais, contrairement à *E. affinis*, n'a pas semblé capable d'utiliser le nanozooplancton en tant que ressource alternative mais seulement en tant que ressource complémentaire. Ainsi, cette espèce pourrait trouver avantage à se maintenir dans la partie amont de l'estuaire, là où la turbidité reste faible, où le nanoplancton est souvent dominé par des formes autotrophes (Fig. V. 3 et Tableau V. 2) et où des blooms phytoplanctoniques se produisent parfois en été (Irigoien *et al.*, 1996). C'est d'ailleurs en été qu'*A. bifilosa* présente des abondances maximales. Ainsi, de fortes concentrations en particules pourraient limiter l'extension de cette espèce vers l'amont, hypothèse qui concorde avec l'analyse de série à long terme réalisée par Ibanez *et al.* (1993) et montrant que l'abondance d'*A. bifilosa* dans la Gironde est négativement corrélée à la concentration en MES.

VI. Influence de la concentration en MES sur l'ingestion et la fécondité des copépodes estuariens : expériences en laboratoire.

VI. 1) Introduction

Dans les estuaires, les concentrations en MES et les turbidités qui leur sont associées sont souvent beaucoup plus élevées que dans les autres milieux aquatiques. Ces MES proviennent, pour la plupart, de l'érosion continentale. Elles sont en général principalement composées de particules minérales et de particules devenues réfractaires par l'action des bactéries au cours de leur cheminement vers l'estuaire (Castaing *et al.*, 1984; Lin, 1988). Les particules labiles n'en représentent qu'une très faible proportion (Burdloff, 1993), tant d'un point de vue numérique que d'un point de vue pondéral. Les copépodes calanoïdes qui font l'objet de cette étude, doivent puiser leur nourriture au sein de cette mixture particulaire.

La prépondérance des particules non vivantes dans ces milieux a conduit plusieurs auteurs à considérer les copépodes estuariens comme des détritivores (Day *et al.*, 1989), d'autant plus que dans certaines circonstances, la production phytoplanctonique est insuffisante à la couverture de leurs besoins énergétiques (Heinle et Flemer, 1975) et que l'évolution de leurs effectifs ne correspond que rarement à celle d'une ressource unique (Day *et al.*, 1982). De plus, il est possible d'élever certains de ces copépodes à l'aide de détritus pourvu que ceux-ci soient richement colonisés par de la microfaune (Heinle *et al.*, 1977 ; Poli et castel, 1983).

Les copépodes estuariens semblent donc être capables d'une grande flexibilité nutritionnelle. Toutefois, certaines limites semblent être atteintes en présence de fortes concentrations en particules. Plusieurs auteurs ont en effet suggéré que la présence d'une grande quantité de particules en suspension pourrait réduire l'activité nutritionnelle, la fécondité et la croissance de ces organismes tout comme celles de certaines espèces de cladocères (Paffenhöfer, 1972 ; Arruda *et al.*, 1983 ; Mc Cabe et O'Brien, 1983 ; Hart, 1992). A titre d'exemple, Castel et Feurtet (1986) ont montré que dans l'estuaire de la Gironde, le facteur de condition d'*E. affinis* était plus faible au niveau du bouchon vaseux que dans le reste de l'estuaire et ces auteurs suggèrent que leurs résultats pourraient traduire un état de déficit nutritionnel chez ces animaux lorsqu'ils vivent dans une zone particulièrement turbide.

De même, dans certaines zones de la baie de Chesapeake, aux Etats unis, Sellner et Horwitz (1983) ont observé que l'activité nutritionnelle des copépodes pélagiques était parfois fortement limitée en dépit d'une importante production phytoplanctonique et ces auteurs ont suggéré que la présence de concentrations en MES relativement élevées pourraient être à l'origine de ces observations. Ils suggèrent également que ce type de situation pourrait conduire à une accumulation du phytoplancton non consommée par les copépodes et que la dégradation de ce phytoplancton par les bactéries pourrait aboutir à des anoxies saisonnières. Une influence de la teneur en MES sur l'activité des copépodes estuariens pourrait donc jouer un rôle très important dans le fonctionnement des écosystèmes estuariens.

Les résultats exposés au chapitre III de cette étude montrent clairement que *in situ,* la fécondité des copépodes estuariens *E. affinis* et *A. bifilosa* décroît fortement pour des concentrations croissantes en MES. Par ailleurs, au cours des chapitres IV et V de ce travail, nous avons pu observer que, toujours *in situ,* la quantité de phytoplancton ingérée quotidiennement par ces organismes diminuait sérieusement lorsque la concentration en MES augmentait sans pour autant que la quantité de chlorophylle ou que le nombre de cellules végétales présentes dans le milieu ne diminuent dans les mêmes proportions. Nous avons également pu observer que le régime alimentaire d'*E. affinis* pouvait changer en fonction de la teneur en particule. Dès lors, plusieurs hypothèses ont pu être proposées pour expliquer la corrélation négative entre fécondité et concentration en MES parmi lesquelles figurent des effets directs et indirects des MES sur l'activité nutritionnelle des copépodes. Certaines de ces hypothèses suggèrent que la nourriture disponible pourrait être plus difficile à capturer lorsque la teneur en particules est élevée. D'autres suggèrent que la qualité de la nourriture disponible pourrait varier avec la concentration en MES.

Compte tenu des incertitudes sur le régime alimentaire *in situ* des copépodes, du grand nombre de variables pouvant intervenir dans le milieu naturel et des inévitables covariations pouvant exister entre la concentration en MES et les autres caractéristiques biotiques et abiotiques des écosystèmes estuariens, il semble difficile de privilégier l'une ou l'autre de ces hypothèses sans recourir à des expérimentations effectuées dans des conditions contrôlées, en laboratoire.

L'objectif des expériences qui ont été réalisées a donc été de déterminer si la présence de particules en suspension pouvait modifier directement et à elle seule l'activité nutritionnelle et la fécondité des copépodes étudiés ou si une covariable de la concentration en MES devait être envisagée pour expliquer les observations faites *in situ.*

Les particules envisagées ont été celles du milieu naturel car des billes en latex (Wilson, 1973 ; Sautour, 1991) ou des particules de SiO_2 (Sherk *et al*, 1974) n'offrent pas forcement une taille, une forme et une texture comparables.

En dépit de la présence très fréquente de fortes teneurs en particules dans l'environnement des espèces étudiées, peu de travaux ont abordé cette question. De plus, les données disponibles dans la littérature sont assez contradictoires. A titre d'exemple, les travaux de Sherk *et al.* (1974) ont montré que l'ingestion d'*E. affinis* pouvait être considérablement réduite en présence de teneurs croissantes en particules (0 à 1000 $mg.l^{-1}$) mais à l'inverse, Sellner et Bundy (1987) n'ont obtenu aucune variation significative de la mortalité, du taux croissance ou de l'importance des pontes de cette espèce pour des concentrations en MES comprises entre 0 et 350 $mg.l^{-1}$.

Des différences au niveau de la nourriture offerte en mélange avec les particules en suspension pourraient être à l'origine des divergences entre ces études. De nombreux travaux montrent en effet que la qualité de la nourriture ingérée par les copépodes peut affecter leur fécondité (Checkley, 1980 ; Verity et Smayda, 1989 ; Uye et Takamatsu, 1990). D'autres travaux montrent clairement que le comportement alimentaire des copépodes peut changer en fonction du type de nourriture disponible (Poulet et Marsot, 1978 ; 1980). D'autres enfin montrent que l'ingestion peut être inhibée par la présence de certaines algues (Huntley *et al.*, 1986 ; Cowles *et al.*, 1988) et notamment par la présence d'algues sénescentes (Paffenhöfer et Van-Sant, 1985 ; Houde et Roman, 1987). En conséquence, les expériences ont été conduites avec différentes algues afin de s'assurer que les résultats obtenus ne soient pas liés à une ressource alimentaire particulière.

VI. 2) Matériels et méthodes

Prélèvement des animaux destinés aux expériences

Les animaux destiné aux expérimentations ont été prélevés dans l'estuaire de la Gironde, à l'aide d'un filet à plancton WP2 standard de 200 µm de vide de maille, au niveau du pk 50 dans le cas d'*E. affinis* et au niveau du pk 70 dans le cas d'*A. bifilosa* (voir Chap. II). Ces prélèvements ont été effectués aux périodes où la température de l'estuaire était proche des températures choisies pour les expériences afin de faciliter l'acclimatation des animaux aux conditions expérimentales et afin que leurs caractéristiques thermodépendantes (taille et poids notamment) soient celles correspondant aux températures expérimentales. Ces périodes sont le printemps et l'automne dans le cas d'*E. affinis*, le début et la fin de l'été dans le cas d'*A. bifilosa*. Immédiatement après la pêche, les animaux ont été placé dans un réservoir de 20 litres maintenu à la température du milieu, en veillant à ce que la densité des individus ne soit pas trop élevée. Ils ont ensuite été transportés aussi vite que possible vers le laboratoire.

Particules utilisées au cours des expériences

Toutes les expériences ont été réalisées avec les particules provenant d'un seul et même stock. Ce stock à été réalisé à partir d'un prélèvement de « crème de vase » effectué dans la partie médiane de l'estuaire de la Gironde (Pk 49) au printemps 1995. La « crème de vase » présente l'avantage d'être extrêmement concentrée (environ 170 $g.l^{-1}$) et de ne contenir qu'une très petite quantité d'organismes vivants (Castel, comm. pers.). Ce stock de particules a été stérilisé par trois passages successifs à l'autoclave afin de stopper tous processus de dégradation et d'éliminer tous les organismes vivants qui auraient pu se développer et servir de nourriture aux copépodes.

La teneur en carbone organique des particules a été déterminée à l'aide d'un analyseur CHS-LECO après filtration de 10 ml de la solution les contenant sur des filtres en fibre de verre Whatmann GF/C de 48 mm de diamètre (porosité 0,45µm). Le nombre de ces particules a été déterminé à l'aide d'un compteur Coulter modèle Z1 équipé d'un tube de 100 µm.

Nourritures utilisées au cours des expériences

Quatre espèces d'algues ont été testées en tant que source de nourriture. Il s'agit d'*Isochrysis galbana* (prymnésiophycée), de *Skeletonema costatum* (diatomée formant fréquemment des chaînes), de *Nitzschia sp.* (diatomée benthique) et de *Dunaliella tertiolecta* (chlorophycée). La plupart de ces algues sont couramment utilisées dans les élevages d'organismes phytoplanctonophages.

Ces algues ont été cultivées dans le milieu préconisé par Guillard (1975), dont la composition est donnée dans le tableau VI. 1. Pour préparer ce milieu, une quantité suffisante d'eau de mer a été filtrée sur 0,2 µm. La salinité a été ajustée à 30 ‰ puis des quantités adéquates de tampon Tris (pH = 7,8), de sels nutritifs et de métaux trace ont été ajoutés. L'ensemble a été stérilisé par un passage de 30 à 40 min à l'autoclave. Des vitamines, stérilisées par filtration sur 0,2 µm, ont été ajoutées au milieu juste avant l'inoculation de l'algue. Les cultures ont été incubées à 20°C sous une intensité lumineuse de 30 $\mu E.m^{-2}.s^{-1}$ et avec une photopériode de 12 heure de lumière pour 12 heures d'obscurité.

PRINCIPAUX SELS NUTRITIFS	QUANTITES POUR 1 LITRE DE MILIEU
$NaNO_3$	75 mg (883 µM)
$NaH_2PO_4 . H_2O$	5 mg (36,3 µM)
$NaSiO_3 . 9 H_2O$	30 mg (107 µM)
METAUX TRACE	
$Na_2 . EDTA+$	4,36 mg (11,7 µM)
$FeCl_3 . 6 H_2O$	3,15 mg (11,7 µM)
$CuSO_4 . 5 H_2O$	0,01 mg (0,04 µM)
$ZnSO_4 . 7 H_2O$	0,022 mg (0,08 µM)
$CoCl_2 . 4 H_2O$	0,01 mg (0,05 µM)
$MnCl_2 . 6 H_2O$	0,18 mg (0,9 µM)
$Na_2MoO_4 . 4 H_2O$	0,006 mg (0,03 µM)
VITAMINES	
Thiamine. HCl	0,1 mg
Biotine	0,5 µg
B_{12}	0,5 µg
EAU DE MER	1 litre
TAMPON TRIS A 25% (pH = 7,8)	2 ml

Tableau VI. 1 : Composition du milieu préconisé par Guillard (1975) pour l'élevage des microalgues marines.

Les algues distribuées aux copépodes ont toujours été issues de cultures âgées de 30 jours afin que leurs caractéristiques nutritionnelles soit aussi reproductibles que possible (Mullin, 1963). Juste avant leur distribution, leur nombre a été déterminé à l'aide d'un compteur Coulter Z1 équipé d'un tube de 100 µm. Leur contenu en chlorophylle a été évalué par fluorimétrie en utilisant la méthode décrite dans le chapitre III. 2. Leur contenu en carbone a été déterminé après filtration sur des filtres Whatman GF/F de 48 mm de diamètre (porosité 0,45 µm) à l'aide d'un analyseur CHS-LECO.

Incubation des copépodes

Dès leur arrivée au laboratoire les animaux issus du milieu naturel ont été triés sous une loupe binoculaire. Les adultes ont été isolés et immédiatement placés dans les enceintes expérimentales à raison de 7 femelles et 7 mâles par enceinte afin de maintenir un sex-ratio comparable à celui du milieu naturel.

Le volume de ces enceintes a été fixé à 250 ml. Ce volume résulte d'un compromis entre la nécessité d'éviter des rencontres trop fréquentes entre les copépodes et les parois de l'enceinte, la nécessité de diluer leurs produits d'excrétion et le souci de conserver un volume manipulable où le broutage par les copépodes puisse être détecté (Sautour, 1991).

Avant l'introduction des copépodes, les enceintes ont été remplies avec le mélange suivant :

$\Rightarrow$ 200 ml d'un mélange d'eau de mer filtrée (0,45 µm) et d'eau distillée afin d'obtenir une salinité identique à celle du site de prélèvement,

$\Rightarrow$ 0,6 ml de « crème de vase », diluée de manière à obtenir 0, 100, 300 ou 500 mg.l^{-1} de particules dans le mélange final,

$\Rightarrow$ le volume de culture d'algues nécessaire à l'obtention de 50.000 cellules par ml d'*Isochrysis galbana*, de *Skeletonema costatum*, de *Nitzschia sp.*, ou de *Dunaliella tertiolecta* selon le cas.

Pour chaque concentration en MES et pour chaque nourriture offerte, 6 enceintes ont ainsi été préparées : 3 destinées à contenir les copépodes et 3 destinées à servir de témoin. Dans les témoins uniquement, 7,75 µg de NaNO$_3$ et 1,18 µg de NaH$_2$PO$_4$ ont été ajoutés sous la forme de 50 µl d'une solution concentrée afin de simuler l'excrétion des copépodes. Ces valeurs ont été calculées à partir des propositions faites par Sautour (1991). Ainsi, la quantité de sels nutritifs disponible pour les algues dans les enceintes sans copépodes a été similaire à celle disponible dans les enceintes avec copépodes.

Afin de maintenir les particules en suspension tout en minimisant le stress mécanique subit par les animaux, les enceintes (cylindriques et d'un diamètre de 10 cm) ont été disposées dans un appareil (Roller culture Wheaton) assurant leur rotation complète toutes les 30 secondes environ.

Les concentrations en MES ont été choisies telles que les résultats puissent être comparés à ceux obtenus *in situ* (voir chapitres précédents). La concentration en algues a été choisie élevée comparée à celles généralement utilisées avec des algues de tailles équivalentes (Roman, 1977 ; Barthel, 1983 ; Sautour et Castel, 1993) afin que la quantité de nourriture disponible ne soit pas limitante en elle-même.

Les incubations se sont toujours déroulées dans l'obscurité sachant qu'à court terme l'absence de lumière n'affecte pas la qualité nutritive des algues (Checkley, 1980). En l'absence de lumière, le développement des algues n'a pas pu être affecté par les différentes turbidités associées aux différentes concentrations en MES utilisées. L'obscurité est par ailleurs courante dans l'environnement naturel des copépodes étudiés. La température a été fixée à $15 \pm 1°C$ dans le cas d'*E. affinis* et à $20 \pm 1°C$ dans le cas d'*A. bifilosa*. Ces températures ont été supposées optimales pour chacune des deux espèces correspondantes (voir chap. III. 3).

Les copépodes ont été acclimatés à ces conditions durant trois jours avant le début des mesures. Au cours de cette période d'acclimatation, les milieux ont été renouvelés chaque jour, les animaux étant retenus dans une petite quantité d'eau à l'aide d'un tamis de 200 µm durant le renouvellement.

Fécondité

Quelques minutes avant le début de l'expérience, les copépodes ont été délicatement pipetés et placés en attente dans une cuve de petit volume (environ 10 ml). Les milieux d'élevages (ainsi que les témoins) ont été renouvelés (200 ml moins le volume de la cuve où les copépodes ont été placés en attente). Dans le cas d'*A. bifilosa*, les oeufs et les *nauplii* produits durant l'acclimatation ont ainsi été éliminés. Dans le cas d'*E. affinis*, seuls les *nauplii* ont été éliminés[*] et les oeufs portés par les femelles ont été dénombrés à l'aide d'une loupe binoculaire. Au temps zéro, les copépodes en attente ont été délicatement replacés dans les enceintes expérimentales par transvasement.

Après 24 heures d'incubation, le contenu de chaque enceinte à été fixé à l'aide de formol (concentration finale 5%) et coloré à l'aide de rose Bengale. Le nombre d'oeufs et de *nauplii* a ensuite été déterminé à l'aide d'une loupe binoculaire. La fécondité (F, en oeufs par femelle et par jour) a été calculée de la manière suivante :

$$F = \frac{(N_e + N_n)_{\text{à T1}} - (N_e)_{\text{à T0}}}{N_f} \times \frac{1}{t}$$

avec : N_e : Nombre d'oeufs   T0 : Début de l'incubation
N_n : Nombre de *nauplii*   T1 : Fin de l'incubation
N_f : Nombre de femelles   t : Durée de l'incubation

Cette procédure est comparable à celle qui a été utilisée dans le cadre des mesures effectuées *in situ* (voir chap. III. 2).

---

[*]*A. bifilosa* libère ses oeufs dans le milieu alors qu'*E. affinis* porte ses oeufs dans un sac unique placé sous l'urosome qui ne peut pas être retiré sans nuire à la survie des femelles.

Ingestion

Pour évaluer l'ingestion des copépodes, une méthode classique a été adoptée. Elle consiste à suivre l'évolution de la concentration algale en fonction du temps dans les enceintes contenant les copépodes et dans les enceintes témoins, une éventuelle différence pouvant être attribuée à l'ingestion des copépodes. En présence de fortes concentrations en particules, un comptage à l'aide d'un compteur Coulter ou d'une cellule de Mallassez s'est avéré inefficace. L'évolution de la concentration en algues a donc été suivie à travers la concentration en chlorophylle a.

La concentration en chlorophylle a été mesurée à l'aide d'un fluorimètre Turner modèle 112 sur des sous-échantillons de 1 ml prélevés toutes les 4 heures dans chaque enceinte expérimentale, en prenant soin de ne pas capturer d'animaux. Le volume ainsi prélevé a été considéré négligeable vis à vis du volume total de l'enceinte. La méthode fluorimétrique est décrite plus en détail dans le chapitre III. 2.

L'ingestion (I, en ng Chl a Eq.$ind^{-1}.j^{-1}$) a été calculée par différence entre la pente de la concentration en chlorophylle en fonction du temps dans les témoins et la pente de la concentration en chlorophylle en fonction du temps dans les enceintes contenant les copépodes, le tout rapporté au nombre de copépodes adultes. Le modèle de Frost (voir encadré V. 1) n'a pas été utilisé car dans les conditions expérimentales choisies (absence totale de lumière notamment), la concentration en chlorophylle en fonction du temps n'a jamais semblé s'accroître de manière exponentielle. Un modèle linéaire, plus simple, a donc semblé plus approprié (Sautour et Castel, 1993). Le calcul de l'ingestion n'a été effectué que lorsque les deux pentes ont été significativement différentes (ANCOVA au seuil α de 0,05).

VI. 3) Résultats

Caractèristiques des particules et des algues utilisées au cours des expèriences

Le pourcentage de carbone organique des MES utilisées au cours des expériences a été de 1,5 %. Si l'on considère un rapport matière organique sur carbone organique de 2 (Irigoien *et al.*, 1995), on peut admettre que près de 97 % des particules utilisées ont été inorganiques. La granulométrie de ces particules est présentée sur la figure VI. 1. On constate que les particules de petite taille (3-8 µm) ont été les plus abondantes et qu'une corrélation négative très nette est apparue entre le nombre et la taille de ces particules.

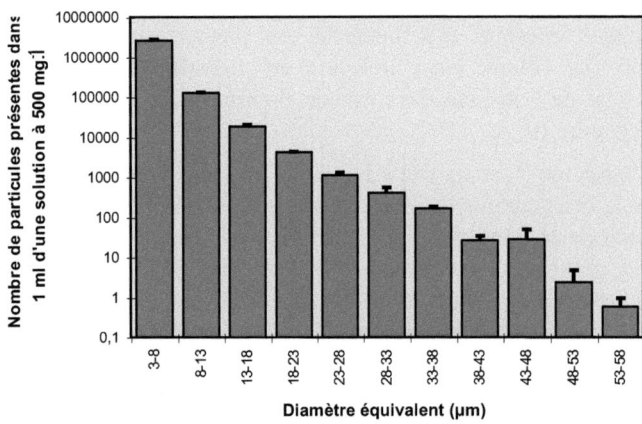

Figure VI. 1 : Granulométrie des particules utilisées au cours des expériences en laboratoire.

Les caractéristiques des cultures d'algues qui ont été utilisées sont présentées dans le tableau IV. 2. A l'aide de ces valeurs, les résultats exprimés en terme de chlorophylle peuvent être convertis en nombre de cellule, en volume ou en carbone.

Espèce	Volume cellulaire (µm3)	Contenu en carbone (pgC.cellule^{-1})	Contenu en chlorophylle a (pgChla.cellule^{-1})	Rapport Carbone/Chl. a	Rapport Carbone/Volume (pgC/µm^3)
I. galbana	55	10,4	0,14	74	0,19
S. costatum	225	33,9	0,35	97	0,15
Nitzschia sp.	80	10,5	0,13	81	0,13
D. tertiolecta	457	76,9	1,28	60	0,17

Tableau VI. 2 : Principales caractéristiques des algues utilisées en tant que nourriture au cours des expériences en laboratoire.

Résultats obtenus avec E. affinis

Isochrysis galbana ou *Skeletonema costatum* étant offertes en nourriture, la fécondité d'*E. affinis* a très clairement diminué pour des concentrations croissantes en MES (Fig. VI. 2 et VI. 3).

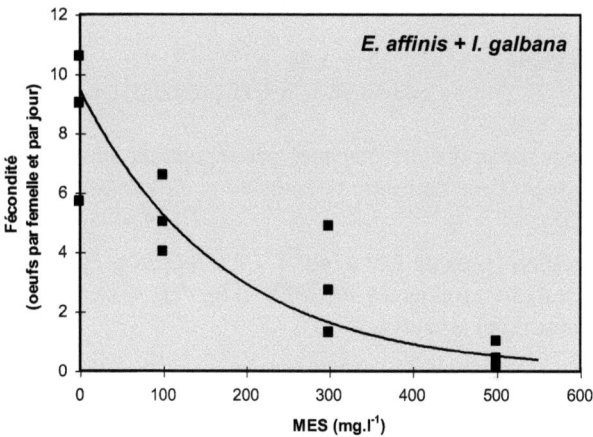

Figure VI. 2 : *E. affinis*. Fécondité en fonction de la concentration en MES au cours des expériences réalisées en laboratoire avec *Isochrysis galbana*.

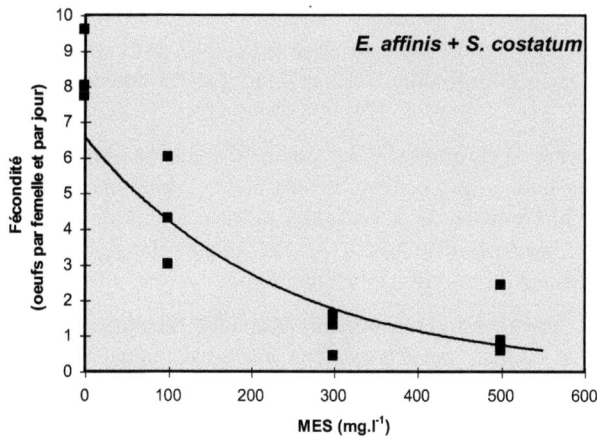

Figure VI. 3 : *E. affinis*. Fécondité en fonction de la concentration en MES au cours des expériences réalisées en laboratoire avec *Skeletonema costatum*.

Les relations qui ont été observées entre la fécondité (F, en oeufs.fem.$^{-1}$.j^{-1}) et la concentration en particules (MES en mg.l^{-1}) peuvent être décrites à l'aide des équations suivantes:

avec *I. galbana* :
$$F = 9{,}47 \cdot e^{-0{,}0058\ MES}$$
$$(r^2 = 0{,}789\ ;\ n = 12\ ;\ p < 0{,}001)$$

avec *S. costatum* :
$$F = 6{,}58 \cdot e^{-0{,}0044\ MES}$$
$$(r^2 = 0{,}667\ ;\ n = 12\ ;\ p < 0{,}01)$$

Ces équations ont été obtenues par régression simple. Elles ne diffèrent significativement l'une de l'autre ni en pente ni en valeur à l'origine (ANCOVA, seuil α = 0,05).

L'ingestion (I, en ng Chl a.ind^{-1}.j^{-1}) d'*E. affinis* a également diminué pour des concentrations croissantes en MES (Fig. VI. 4 et VI. 5). Les équations correspondantes sont les suivantes :

avec *I. galbana* :
$$I = 67{,}22 \cdot e^{-0{,}0089\ MES}$$
$$(r^2 = 0{,}738\ ;\ n = 9\ ;\ p < 0{,}01)$$

avec *S. costatum* :
$$I = 15{,}80 \cdot e^{-0{,}0057\ MES}$$
$$(r^2 = 0{,}631\ ;\ n = 11\ ;\ p < 0{,}01)$$

Avec *I. galbana*, aucune des mesures effectuées en présence de 500 mg.l^{-1} de MES n'a été significative au seuil α de 0,05 (voir méthode). Le calcul de régression qui a été effectué n'utilise donc que les données obtenues entre 0 et 300 mg.l^{-1}.

En terme de chlorophylle, les valeurs d'ingestion obtenues avec *S. costatum* ont été plus faibles que celles obtenues avec *I. galbana*. Toutefois, le rapport Carbone / Chlorophylle de *S. costatum* ayant été près de deux fois plus élevée que celui d'*I. galbana* (Tableau VI. 2), les valeurs d'ingestion diffèrent moins en terme de carbone qu'en terme de chlorophylle.

Un examen au microscope des individus récoltés après les incubations a révélé que la couleur de leur contenu intestinal, jaune-vert ou brun-vert selon l'algue utilisée en l'absence de MES, a été d'autant plus foncée que la concentration en MES a été élevée. Cette observation semble indiquer que des particules non algales ont été ingérées par *Eurytemora affinis*.

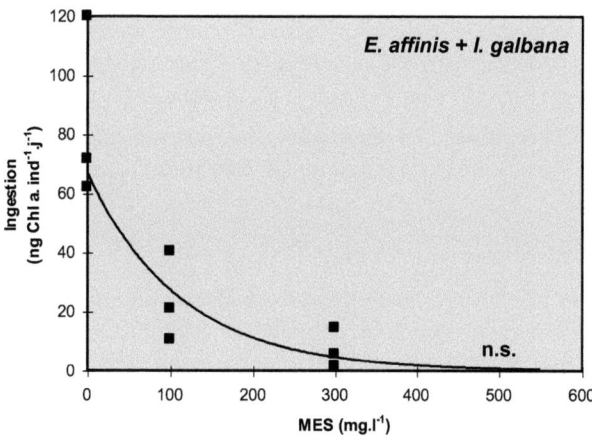

Figure VI. 4 : *E. affinis*. Ingestion en fonction de la concentration en MES au cours des expériences réalisées en laboratoire avec *Isochrysis galbana*. Le symbole "n.s." indique qu'aucune différence significative n'a été détectée entre les enceintes expérimentales et les témoins (voir méthode).

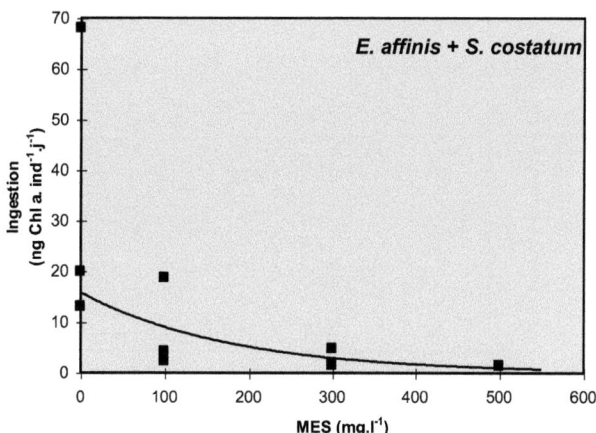

Figure VI. 5 : *E. affinis*. Ingestion en fonction de la concentration en MES au cours des expériences réalisées en laboratoire avec *Skeletonema costatum*.

Aucun résultat exploitable n'a été obtenu avec les deux autres algues (*Dunaliella tertiolecta* et *Nitzschia sp.*). Au cours des expériences tentées avec ces algues, la mortalité a été importante et la fécondité des femelles survivantes s'est avérée extrêmement faible même en l'absence de MES (< 2 oeufs par femelle et par jour). De plus, l'ingestion n'a presque jamais été mesurable.

Des observations au microscope ont pourtant révélé que l'intestin des individus élevés en présence de ces algues était presque toujours plein.

Résultats obtenus avec A. bifilosa

Aucun résultat concluant n'ayant été obtenu en présence de *D. tertiolecta* ou de *Nitzschia sp.* au cours des expériences conduites avec *E. affinis*, ces deux algues n'ont pas été utilisées au cours des expériences conduites avec *A. bifilosa*.

Comme dans le cas d'*E. affinis*, en présence d'*Isochrysis galbana* ou de *Skeletonema costatum*, la fécondité d'*A. bifilosa* a très clairement diminué pour des concentrations croissantes en MES (Fig. VI. 6 et VI. 7).

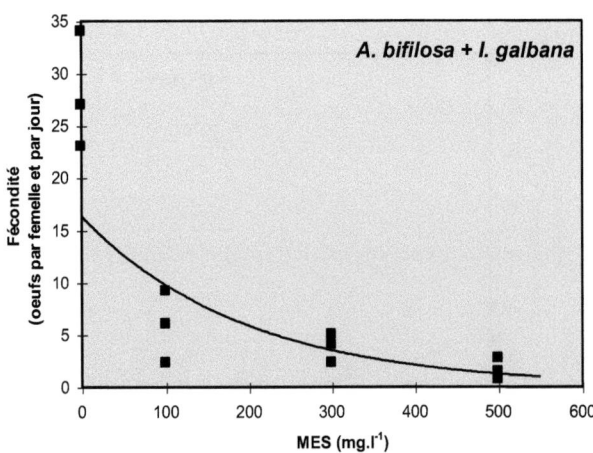

Figure VI. 6 : *A. bifilosa*. Fécondité en fonction de la concentration en MES au cours des expériences réalisées en laboratoire avec *Isochrysis galbana*.

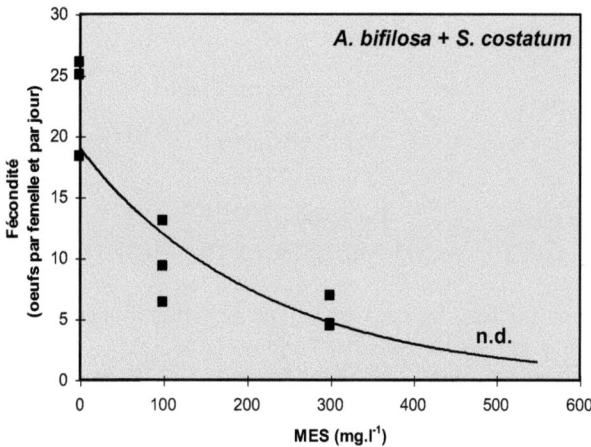

Figure VI. 7 : *A. bifilosa*. Fécondité en fonction de la concentration en MES au cours des expériences réalisées en laboratoire avec *Isochrysis galbana*. Le symbole "n.d." signifie qu'aucun oeuf n'a été trouvé dans les enceintes expérimentales.

Les décroissances observées peuvent être décrites à l'aide des équations suivantes :

avec *I. galbana* :
$$F = 16{,}36 \cdot e^{-0{,}0052\,MES}$$
$$(r^2 = 0{,}722 \,;\, n = 12 \,;\, p < 0{,}001)$$

avec *S. costatum* :
$$F = 19{,}05 \cdot e^{-0{,}0046\,MES}$$
$$(r^2 = 0{,}791 \,;\, n = 9 \,;\, p < 0{,}01)$$

Ces équations ne diffèrent significativement l'une de l'autre ni en pente ni en valeur à l'origine (ANCOVA, seuil $\alpha = 0{,}05$). Dans le cas où *A. bifilosa* a été nourrie avec *S. costatum*, seuls les valeurs obtenues pour des concentrations en MES comprises entre 0 et 300 mg.l^{-1} ont été utilisées car la fécondité n'a pas été détectable pour une concentration de 500 mg.l^{-1}.

En l'absence de MES, la fécondité d'*A. bifilosa* s'est avérée très supérieure à celle d'*E. affinis*.

L'ingestion d'*A. bifilosa* a également fortement diminué pour des concentrations croissantes en MES (Fig. VI. 8 et VI. 9). Les équations correspondantes sont les suivantes :

avec *I. galbana* : $I = 19,88 \cdot e^{-0,0046 \, MES}$
$(r^2 = 0,578 ; n = 12 ; p < 0,01)$

avec *S. costatum* : $I = 20,99 \, e^{-0,0050 \, MES}$
$(r2 = 0,551 ; n = 9 ; p < 0,05)$

Encore une fois, les deux équations ne diffèrent significativement l'une de l'autre ni en pente ni en valeur à l'origine (ANCOVA, seuil $\alpha = 0,05$). Avec *S. costatum,* aucune différence entre les mesures effectuées dans les enceintes témoins et celle effectuées dans les enceintes contenant les copépodes n'a été significative (voir méthode) en présence de 500 mg.l^{-1} de MES. Le calcul de régression qui a été effectué n'utilise donc que les données obtenues entre 0 et 300 mg.l^{-1}.

Comme dans le cas d'*E. affinis*, un examen au microscope des individus récoltés après les incubations a révélé que la couleur de leur contenu intestinal, jaune-vert ou brun-vert selon l'algue utilisée en l'absence de MES, a été d'autant plus foncée que la concentration en MES a été élevée. Cette observation semble indiquer que des particules non algales ont été ingérées par *A. bifilosa*.

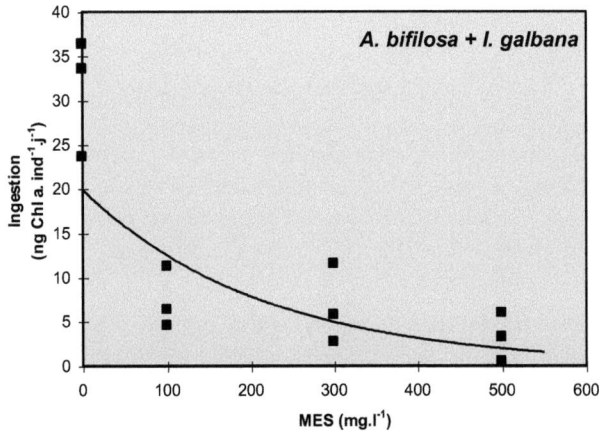

Figure VI. 8 : *A. bifilosa*. Ingestion en fonction de la concentration en MES au cours des expériences réalisées en laboratoire avec *Isochrysis galbana*.

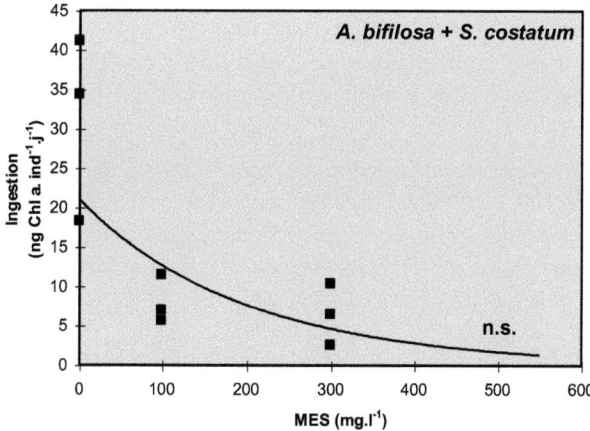

Figure VI. 9 : *A. bifilosa*. Ingestion en fonction de la concentration en MES au cours des expériences réalisées en laboratoire avec *Skeletonema costatum*. Le symbole "n.s." indique qu'aucune différence significative n'a été détectée entre les enceintes expérimentales et les témoins (voir méthode).

VI. 4) Discussion

Influence des MES
Un effet significatif de la présence de particules sédimentaires en suspension dans l'environnement nutritionnel des copépodes a été observé au niveau de l'ingestion comme au niveau de la fécondité des deux espèces étudiées.

Cet effet a été très clair pour toutes les concentrations en particules utilisées. En moyenne, la fécondité d'*E. affinis* a été réduite de plus de 40 % en présence de 100 mg.l^{-1} de MES par rapport à celle mesurée en l'absence de particule, celle d'*A. bifilosa* a été réduite d'environ 70 % et la quantité d'*Isochrysis galbana* ou de *Skeletonema costatum* ingérée par ces animaux a diminué de plus de 70 % dans les deux cas.

Ces résultats sont comparables à ceux obtenus avec *E. affinis* et *A. tonsa* par Sherk *et al.* (1974). Ils sont également comparables à ceux obtenus avec diverses espèces de cladocères par Arruda *et al.* (1983).

Les particules qui ont été utilisées au cours de ces expériences ont été prélevées dans le milieu naturel. Leurs caractéristiques géochimiques ont été similaires à celles des particules en suspension de la zone la plus turbide de l'estuaire de la Gironde (Etcheber, 1983 ; Castaing *et al.*, 1984 ; Weber, 1991). Les observations faites *in situ* (voir chap. III et IV) pourraient donc être en grande partie expliquées par une influence directe des particules sur l'activité nutritionnelle des copépodes, d'autant plus qu'à température et concentration en MES équivalentes, les valeurs de fécondité et d'ingestion qui ont été observées *in situ* ont globalement été assez proches de celles qui ont été obtenues en laboratoire (Tableau VI. 3).

		in situ	en laboratoire
E. affinis	Fécondité à 15 ± 1°C (oeufs.fem^{-1}.j^{-1})	1,1 à 10,7 (46 à 780 mg.l^{-1})	0,1 à 10,6 (0 à 500 mg.l^{-1})
	Ingestion à 15 ± 1°C (ng Chla Eq.ind^{-1}.j^{-1})	18,2 à 57,2 (46 à 310 mg.l^{-1})	1,3 à 120,0 (0 à 500 mg.l^{-1})
A. bifilosa	Fécondité à 20 ± 1°C (oeufs.fem^{-1}.j^{-1})	0,6 à 32,5 (22 à 374 mg.l^{-1})	0,7 à 34,0 (0 à 500 mg.l^{-1})
	Ingestion à 20 ± 1°C (ng Chla Eq.ind^{-1}.j^{-1})	1,3 à 6,6 (51 à 278 mg.l^{-1})	0,4 à 41,1 (0 à 500 mg.l^{-1})

Tableau VI. 3 : Comparaison entre les valeurs de fécondité et d'ingestion obtenues *in situ* et celles observées en laboratoire. Les concentrations en MES associées à ces valeurs sont indiquées entre parenthèses.

Si la baisse de l'ingestion d'algues pour des concentrations croissantes en MES devait être liée à une filtration passive (c'est à dire non sélective) du milieu, le taux de filtration[*] des copépodes étudiés serait le même pour les MES que pour les algues. Au cours des différentes expériences, le taux de filtration pour les algues a varié entre 0,01 et 0,71 ml.ind^{-1}.h^{-1} dans le cas d'*E. affinis* et entre 0,01 et 0,21 ml.ind^{-1}.h^{-1} dans le cas d'*A. bifilosa*. Ces valeurs sont comparables à celles disponibles dans la littérature (Tableau VI. 4). En appliquant au cas par cas ces valeurs aux concentrations en MES utilisées, on constate qu'une filtration passive aurait conduit les copépodes étudiés à ingérer jusqu'à 400 voire 600 µg de MES par individu et par jour soit plus de 100 fois leur propre poids sec en particules inorganiques.

Il semble très improbable que ces animaux puissent ingérer de telles quantités de particules. En effet, même si leur intestin pouvait contenir 1 µg de ces MES (ce qui représenterait environ 20 % de leur poids sec), leur vitesse d'ingestion[**] devrait être supérieure à 0,28 min^{-1} pour qu'une quantité de MES supérieure à 400 µg soit ingérée chaque jour. Or, des vitesses supérieures à 0,05 min^{-1} n'ont jamais été observées (Irigoien *et al.*, 1996).

Le taux de filtration de ces crustacés a donc probablement été beaucoup plus élevé pour les algues que pour les MES. Autrement dit, les algues ont probablement été sélectionnées.

Espèce	Taux de filtration (ml.ind^{-1}.h^{-1})	Auteurs
E. affinis	0,07 - 0,90	Berk *et al.*, 1977
E. affinis	0,00 - 1,20	Richman *et al.*, 1977
E. affinis	0,02 - 1,40	Irigoien, 1994
E. affinis	0,18 - 0,79	Tackx *et al.*, 1995
E. affinis	0,01 - 0,71	Cette étude
Acartia sp.	0,01 - 0,88	Sautour, 1991
A. tonsa	0,08 - 0,29	White et Roman, 1992
A. bifilosa	0,04 - 0,69	Irigoien, 1994
A. bifilosa	0,01 - 0,21	Cette étude

Tableau VI. 4 : Comparaison entre les taux de filtration estimés au cours de différentes études.

---

[*] Taux de filtration (ml.ind^{-1}.h^{-1}) = Ingestion (µg.ind^{-1}.h^{-1}) / Concentration en nourriture (µg.ml^{-1})
[**] Vitesse d'ingestion (min^{-1})= Ingestion (µg.ind^{-1}.min^{-1}) / Contenu intestinal (µg.ind^{-1})

L'hypothèse d'une absence totale de sélection semble devoir être écartée mais l'observation directe du tractus digestif des copépodes a montré que des particules sédimentaires ont parfois été ingérées. Des concentrations croissantes en particules pourraient avoir entraîné une baisse de l'efficacité des copépodes à sélectionner les algues, des particules sédimentaires se substituant alors de plus en plus souvent à ces proies. La valeur nutritive de ces particules étant extrêmement faible, l'énergie disponible pour la fécondité serait ainsi beaucoup moins importante.

Le travail à fournir pour sélectionner les algues est probablement d'autant plus important que la concentration en MES est élevée. Une baisse de l'efficacité de sélection des copépodes pourrait correspondre à une recherche d'équilibre entre la dépense énergétique nécessaire à la capture des proies et le gain énergétique lié aux proies effectivement ingérées.

On peut également envisager que les MES aient perturbé le mouvement normal des appendices filtrants (maxillipèdes I et II) de ces animaux (Poulet et Gill, 1991) ou aient colmaté l'espace libre entre les sétules associées à ces appendices (Castel, 1984). Dans les deux cas, l'efficacité de filtration des copépodes serait réduite et conduirait à une baisse de la quantité d'algues ingérées.

D'après plusieurs auteurs, la présence de particules sédimentaires en suspension n'aurait pas toujours un effet négatif sur l'ingestion et/ou sur la fécondité des organismes planctoniques mais pourrait au contraire avoir un effet positif dans certaines circonstances (Robinson, 1957 ; Hart, 1988 et 1991). Selon Ayukai (1987), la présence d'un grand nombre de particules pourrait stimuler les mécanorécepteurs des copépodes et déclencher un accroissement de leur taux de filtration et de leur ingestion. Le seuil de satiété souvent observé en présence d'algues uniquement pourrait même être dépassé. Hart (1992) propose quant à lui que la matière organique dissoute exsudée par les algues pourrait être adsorbée sur les particules qui constitueraient alors un complément nutritionnel favorable à la croissance et au développement des copépodes.

Aucun effet positif de l'augmentation de la concentration en MES n'a été détecté au cours de nos expériences. Un tel phénomène semble devoir être rejeté pour des concentrations supérieures ou égale à 100 mg.l^{-1}. Un effet positif des MES reste néanmoins possible s'il se produit entre 0 et 100 mg.l^{-1} (valeurs entre lesquelles aucune mesure n'a été effectuée) ou s'il se produit pour des concentrations en nourriture différentes de celles qui ont été utilisées.

Influence de la nourriture utilisée

En l'absence de MES, *I. galbana* et *S. costatum* se sont avérées favorables à l'ingestion et à la fécondité des copépodes étudiés mais *Nitzschia sp.* et *D. tertiolecta* n'ont pas semblé représenter une nourriture adéquate pour ces copépodes.

Ces observations rejoignent celles effectuées par Poli (1982). En effet, cet auteur a montré qu'*I. galbana* était une algue favorable à la fécondité d'*E. affinis* alors que d'autres espèces (*Pavlova pinguis, Monochrysis lutheiri* et *Pheodactylum tricornutum*) conduisaient à des fécondités beaucoup plus faibles et à des mortalités beaucoup plus importantes.

Les algues qui se sont avérées défavorables pourraient contenir des substances inhibitrices ou toxiques pour les copépodes (Poulet *et al.*, 1995). Elles pourraient également ne pas avoir une valeur nutritive suffisante ou ne pas contenir certains éléments indispensables à la survie de ces crustacés (Heinle, 1977 ; Poli, 1982). Quoi qu'il en soit, les expériences réalisées avec *Nitzschia sp.* et *D. tertiolecta* n'apportent aucune information sur l'influence des MES dans la mesure où aucun témoin valable n'a été obtenu.

Pour des concentrations croissantes en MES, les résultats obtenus avec *I. galbana* ont été similaires à ceux obtenus avec *S. costatum*. Les caractéristiques de ces deux algues (position systématique, taille et rapport Carbone / Chlorophylle notamment) sont pourtant assez différentes (Tableau VI. 2). Les MES semblent donc susceptibles de limiter l'ingestion et la fécondité des copépodes étudiés quel que soit le type d'algue utilisé à condition toutefois que l'algue ne soit pas limitante en elle-même.

Limites à la transposition des résultats vers le milieu naturel

De nombreux facteurs peuvent affecter l'ingestion et la fécondité des copépodes pélagiques parmi lesquels on trouve la concentration en nourriture (Harris, 1977 ; Hirche *et al.*, 1997), la qualité de cette nourriture (Checkley, 1980 ; Kiørboe, 1989) ainsi que la taille ou la nature des proies disponibles (Frost, 1972 ; Huntley, 1982). Dans le milieu naturel, ces différents facteurs pourraient interagir avec la concentration en MES et conduire à des observations différentes de celles qui ont été effectuées en laboratoire.

Hart (1992) a montré que certaines espèces de cladocères étaient plus ou moins sensibles à la présence de particules sédimentaires en fonction de la quantité de nourriture disponible. Par analogie, on peut imaginer un phénomène similaire pour les copépodes étudiés. La concentration algale utilisée au cours de nos expériences (50.000 cellules par millilitre) a été supérieure à celles que l'on rencontre généralement dans l'estuaire de la Gironde (300 à 10.000 cellules par millilitre, voir chapitre V. 3). Par contre, des concentrations de cet ordre, voire plus élevées, peuvent être rencontrées dans des estuaires comme celui de l'Escaut ou de Mundaka (voir chapitres II et III). En fonction de l'estuaire considéré, la sensibilité des copépodes étudiés à la concentration en MES pourrait donc ne pas toujours correspondre à ce qui a été observée en laboratoire.

D'un point de vue qualitatif, les différentes caractéristiques des algues offertes en nourriture ont été très similaires à celles généralement décrites dans la littérature pour des algues en culture. Les volumes observés ont été proches de ceux proposés par Enright *et al.* (1986), les teneurs en carbone ont été voisines de celles proposées par Sournia (1978) et les rapports Carbone/Chlorophylle se sont avérés comparables à ceux proposés par Steele et Baird (1962) ou par Pereira de Souza Santos (1995). Cependant, ces caractéristiques ne correspondent pas forcément à celles des algues du milieu naturel. A titre d'exemple, les rapports Carbone/Chlorophylle décrits par De Jonge (1980) pour des populations estuariennes de diatomées sont plus faibles (de l'ordre de 30 à 60) que ceux observés dans les cultures utilisées (60 à 97). Les contraintes environnementales que subissent les algues du milieu naturel sont très différentes de celles imposées dans les milieux de culture. Ces contraintes pourraient conduire à des différences au niveau de leur valeur nutritive. Une faible valeur nutritive pourrait amplifier l'effet des MES. A l'inverse, une forte valeur nutritive pourrait compenser les efforts nécessaires à une sélection dans un environnement turbide.

Selon Sautour (1991), la taille des proies disponibles pourrait également modifier l'effet de MES car les copépodes sélectionnent souvent plus efficacement les proies de grande taille que les proies de petite taille (Wilson, 1973 ; Price *et al.*, 1983). De plus, les particules sédimentaires sont généralement d'autant plus nombreuses que la taille considérée est faible (Fig. VI. 1). La gêne qu'elles occasionnent pourrait donc être plus importante pour des algues de petite taille que pour des algues de grande taille. Bien que *S. costatum* ait été près de 4 fois plus volumineuse qu'*I. galbana*, un tel phénomène n'a pas été détecté au cours de nos expériences. Toutefois, des algues bien plus volumineuses existent dans le milieu naturel et il est possible que l'effet des MES ne soit atténué que pour des proies de taille supérieure à celle de *S. costatum*.

A ces différentes observations il faut ajouter que les particules du milieu naturel abritent souvent un grand nombre d'organismes hétérotrophes (bactéries, flagellés, ciliées) susceptibles de servir de nourriture aux copépodes (voir chap. V.). Leur présence pourrait compenser une partie de l'effet négatif des MES.

Conclusion

Dans le milieu naturel, les copépodes étudiés sont souvent plus abondants lorsque la turbidité est élevée que lorsque la turbidité est faible (Castel, 1984; Castel et Villate, 1996). Compte tenu de l'effet négatif des MES qui a été observé, on pourrait pourtant s'attendre à des effectifs faibles pour des concentrations en MES élevées et à des effectifs élevés pour des concentrations en MES faibles.

Ce paradoxe pourrait être expliqué par des phénomènes hydrologiques. Les estuaires turbides sont en effet souvent des estuaires où le temps de résidence des eaux est important (voir chap. II. 6). La relative stabilité des eaux pourrait favoriser le maintien des populations planctoniques au même titre qu'elle favorise l'accumulation de particules sédimentaires (Castel et Veiga, 1990). Ainsi, un effet négatif des MES sur le développement des populations d'*E. affinis* ou d'*A. bifilosa* pourrait être compensé par des expulsions moins fréquentes vers l'océan.

VII. Comparaison entre la production des femelles et la production des stades copépodites et naupliens.

VII. 1) Introduction

La production d'oeufs a été étudiée chez de nombreuses espèces de copépodes au cours de ces dix dernières années. Il s'agit d'un paramètre relativement facile à mesurer *in situ* (voir chap. III) qui donne rapidement une estimation assez précise du taux de reproduction de l'espèce considérée (Hirche *et al.*, 1997) et qui s'avère particulièrement utile dans l'élaboration de modèle de dynamique de population (Gädge, 1988). Dans la mesure où la production d'oeufs est très souvent corrélée à l'ingestion (Checkley, 1980 ; Hart, 1987), elle a souvent été utilisée comme indicateur des conditions nutritionnelles rencontrées par les animaux (Runge, 1985 ; Peterson, 1988) ainsi que comme estimateur de leurs besoins en carbone (Hirche *et al.*, 1994).

Chez les copépodes adultes, l'essentiel de la production est sous forme d'oeufs (femelles) ou de spermatophores (mâles) et la production somatique est souvent considérée comme négligeable à ce stade (voir chap. I). L'énergie investie dans les gamètes par les adultes pourrait être équivalente à celle investie dans la croissance par les stades juvéniles (Sekigushi *et al.*, 1980). Si cette hypothèse se vérifiait, la production d'oeufs pourrait être utilisée comme un estimateur de la production secondaire de toute la population (Hirche *et al.*, 1991). Toutefois, une telle possibilité reste controversée (Poulet *et al.*, 1995 ; Mc Laren et Leonard, 1995). L'existence d'une corrélation entre la production d'oeufs et la production somatique pourrait dépendre des capacités métaboliques propres à chaque espèce. Elle pourrait aussi dépendre de l'environnement nutritionnel dans lequel les individus évoluent, les stades juvéniles n'utilisant pas forcément la même nourriture que les adultes (Allan *et al.*, 1977 ; Richman *et al.*, 1977).

La stratégie de reproduction adoptée par l'animal considéré pourrait également jouer un rôle important. A travers la compilation d'un grand nombre de résultats obtenus avec diverses espèces de copépodes calanoïdes et cyclopoïdes, Kiørboe et Sabatini (1994 et 1996) ont observé que la production des femelles était souvent beaucoup plus faible que la production des juvéniles dans le cas des espèces portant leurs oeufs alors qu'une équivalence pouvait apparaître dans le cas des espèces ne portant pas leurs oeufs. Ces auteurs ont également observé que la production d'oeufs des espèces portant leurs oeufs était souvent plus faible que celle des espèces les libérant dans le milieu.

- Comparaison entre la production des femelles et celle des stades juvéniles -

Il n'existe que très peu d'études ayant effectué une comparaison entre la production des femelles et la production des stades juvéniles de l'espèce estuarienne *E. affinis* et aucune d'entre elle n'a été réalisée *in situ*. De plus, les études existantes présentent des résultats contradictoires. A titre d'exemple, Hirche (1992) a estimé à l'aide d'un modèle que la production par unité de poids sec des femelles de cette espèce était supérieure à celle des stades juvéniles. A l'inverse, en combinant des données acquises sur le terrain et des données obtenues en laboratoire, Escaravage et Soetaert (1993) ont estimé que la production par unité de poids sec des femelles de cette espèce était souvent plus faible que celle des stades copépodites. De nouvelles investigations semblent donc nécessaires.

Dans le cas d'*A. bifilosa*, aucune comparaison de ce type n'a été réalisée à notre connaissance. Les données sur la production de cette espèce sont d'ailleurs assez rares d'une manière générale.

En conséquence, le principal objectif de ce chapitre a été d'examiner si dans les cas particuliers d'*E. affinis* et d'*A. bifilosa*, la production d'oeufs était corrélée à la production somatique des stades juvéniles dans le milieu naturel. Les stades copépodites et nauplilens ont été considérés séparément dans la mesure où la taille, la morphologie et le comportement de ces derniers sont très différents de ceux des copépodes adultes.

E. affinis étant une espèce portant ses oeufs et *A. bifilosa* une espèce les libérant dans le milieu, ces investigations ont également permis le test des hypothèses de Kiørboe et Sabatini (1994) dans un contexte estuarien.

VII. 2) Matériels et méthodes

Echantillonnage

Dans le cas d'*E. affinis*, la plupart des mesures simultanées de production d'oeufs et de production somatique ont été effectuées dans l'estuaire de la Gironde entre avril 1994 et juillet 1995. Des mesures ont également été effectuées au cours des campagnes multidisciplinaires entreprises dans les estuaires de l'Elbe, de l'Escaut et de la Gironde aux printemps 1993 et 1994 (voir chap. III. 2).

Dans le cas d'*A. bifilosa*, les mesures ont été effectuées dans l'estuaire de la Gironde uniquement, entre mai et novembre 1995. Cette espèce est très peu représentée dans cet estuaire le reste de l'année, ce qui justifie l'absence de mesures hivernales.

Les adultes et les stades copépodites ont été prélevés à environ 50 cm sous la surface à l'aide d'un filet WP2 standard de 200 µm de vide de maille. Pour obtenir les *nauplii,* un maillage plus fin est nécessaire. Un filet WP2 de 63 µm n'a pas pu être utilisé car le colmatage de ce type de filet est très rapide dans un milieu turbide tel que la Gironde. C'est pourquoi les *nauplii* ont été obtenus en prélevant 30 litres d'eau à l'aide d'un sceau puis en passant ce volume à travers un tamis de 63 µm. Ces prélèvements d'eau ont été effectués à proximité du filet de 200 µm en action.

Paramètres physico-chimiques

Les variables présentées dans le cadre de ce chapitre sont la température et la concentration en MES. La salinité, l'oxygène dissous et la concentration en pigments chlorophylliens ont également été mesurées (voir chapitres précédents). Les protocoles utilisés sont identiques à ceux décrits dans le chapitre III. 2.

Poids des individus et des oeufs

Les poids des différents stades de développement ont été déterminés pour chaque prélèvement à partir d'un sous-échantillon fixé au formol (concentration finale 5%). Après environ un mois de conservation afin que le poids des individus fixés se soit stabilisé (Kuhlmann *et al.,* 1982 ; Poli, 1982), les différents stades ont été séparés, comptés puis rincés à l'eau distillée. Pour chaque stade, trois lots comprenant 10 à 100 individus (en fonction du stade) ont été préparés. Les différents lots ont été séchés à l'étuve (24 heures à 60°C) puis pesés à l'aide d'une microbalance de précision Mettler ME 22 (sensibilité 0,1 µg). Le protocole utilisé pour déterminer le poids des oeufs a été identique à celui décrit dans le chapitre VI. 2.

Production d'oeufs

La fécondité a été déterminée à l'aide de la même méthode que celle décrite au chapitre III. 2. Les résultats obtenus (en oeufs.femelle^{-1}.jour^{-1}) ont été convertis en terme de production d'oeufs (en µg.fem.$^{-1}$.j^{-1} puis en µg.µg^{-1}.j^{-1}) en utilisant les poids secs des oeufs et des femelles.

Production somatique des copépodites et des nauplii

La production des stades juvéniles a été exprimée en terme de gain de poids par unité de poids et par jour afin de pouvoir être comparée à la production d'oeufs. Elle a été estimée à l'aide de la méthode proposée par Kimmerer et Mc Kinnon (1987), elle même inspirée de la méthode décrite par Tranter (1976). Cette méthode consiste à incuber des « cohortes artificielles » dans des bouteilles reproduisant au mieux les conditions du milieu naturel.

L'échantillon de plancton a tout d'abord été fractionné à l'aide de tamis de différents maillages. Après une série d'expériences préliminaires, les individus retenus entre 200 et 250 µm ont été choisis pour déterminer la production des stades copépodites et les individus retenus entre 100 et 150 µm pour déterminer la production des stades naupliens. Dans le cas des espèces étudiées, ces gammes de tailles forment en effet des cohortes artificielles homogènes et les individus récoltés sont suffisamment jeunes pour qu'aucun ne parvienne au stade adulte avant la fin de l'incubation.

Dans chaque classe de taille, deux sous-échantillons ont été prélevés, l'un a immédiatement été fixé à l'aide de formol et l'autre a été incubé durant 24 à 48 heures dans une bouteille de 5 litres (20 à 40 individus par litre) remplie d'eau de l'estuaire filtrée sur 63 µm et maintenue à la température du milieu. A la fin de l'incubation, les individus incubés ont également été fixés à l'aide de formol. Trois à cinq réplicats ont été réalisés.

De retour au laboratoire, le nombre d'individus de chaque stade a été déterminé dans chaque sous-échantillon (Fig. VII. 1 et VII. 2). Les différents stades copépodites ont été comptés à l'aide d'une loupe binoculaire après avoir été placé dans une cuvette Dollfus. Les différents stades naupliens ont été comptés à l'aide d'un microscope après avoir été placés sur une cellule de Mallassez.

Les différents stades (Fig. VII. 3 et VII. 4) ont été identifiées à l'aide des indications fournies par Conover (1956), Katona (1971), Koga (1973) et Klein Breteler (1982).

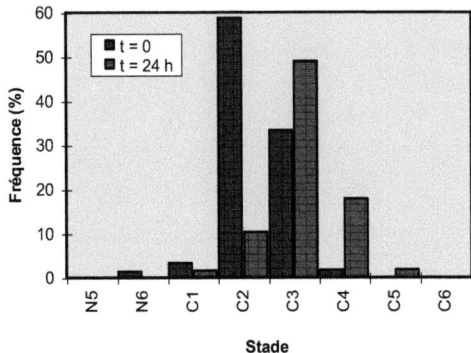

Figure VII. 1 : *E. affinis*. Exemple de distribution des différents stades présents dans la fraction 200-250 µm, avant (t = 0) et après incubation (t = 24 h). N5 à N6 : stades naupliens, C1 à C5 : stades copépodites, C6 : adultes. Expérience réalisée le 15 avril 1994 dans l'estuaire de la Gironde.

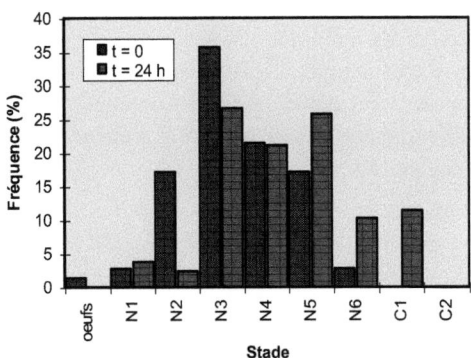

Figure VII. 2 : *A. bifilosa*. Exemple de distribution des différents stades présents dans la fraction 100-150 µm, avant (t = 0) et après incubation (t = 24 h). N1 à N6 : stades naupliens, C1 à C2 : stades copépodites. Expérience réalisée le 19 septembre 1995 dans l'estuaire de la Gironde.

Pour calculer la production, une transformation logarithmique a tout d'abord été appliquée au poids moyen de chaque stade. Chaque poids transformé a ensuite été rapporté à la fréquence du stade correspondant afin de déterminer le poids transformé moyen des individus de chaque sous-échantillons. Enfin, le gain de poids par unité de poids et par jour a été calculé par différence entre le poids transformé moyen des individus au début de l'incubation et le poids transformé moyen des individus à la fin de l'incubation, le tout rapporté à la durée de l'incubation.

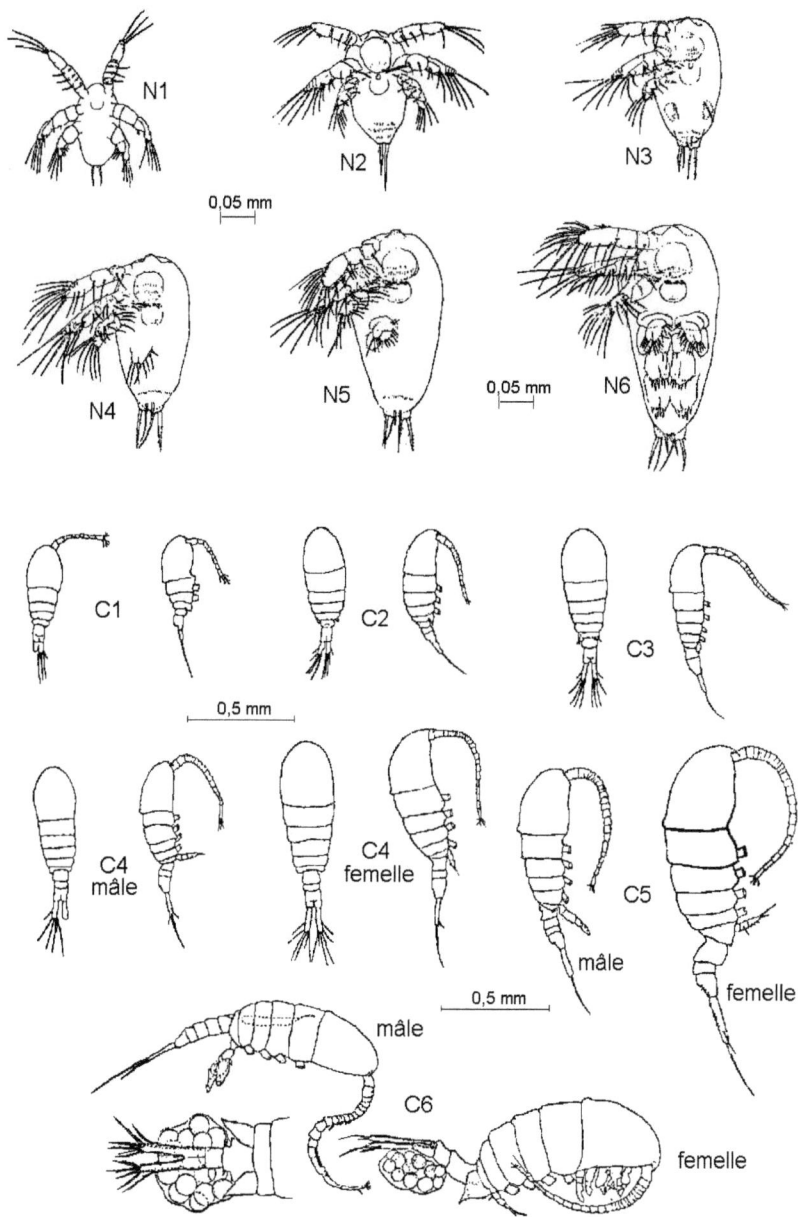

Figure VII. 3 : Représentation simplifiée des différents stades de développement d'*E. affinis*. N1 à N6 : stades naupliens. C1 à C5 : stades copépodites. C6 : adultes.

- Comparaison entre la production des femelles et celle des stades juvéniles -

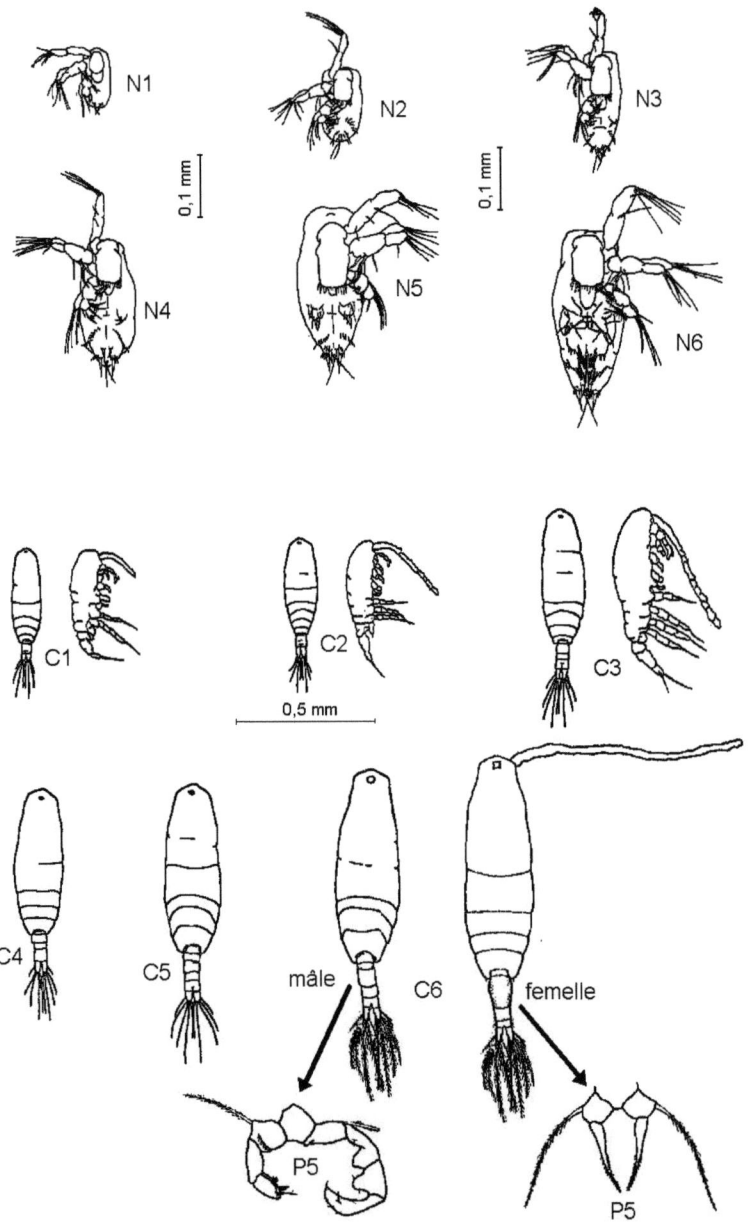

Figure VII. 4 : Représentation simplifiée des différents stades de développement d'*A. bifilosa*. N1 à N6 : stades naupliens. C1 à C5 : stades copépodites. C6 : adultes.

- Comparaison entre la production des femelles et celle des stades juvéniles -

Avec P pour désigner la production en $\mu g.\mu g^{-1}.j^{-1}$, F_i pour la fréquence des individus de stade i, Wi pour le poids sec moyen (μg) des individus de stade i, T0 pour le début de l'incubation, T1 pour la fin de l'incubation et t pour la durée de l'incubation (en jours), l'équation correspondante est la suivante :

$$P = \frac{\left[\sum F_i \times \ln(W_i)\right]_{\text{à T1}} - \left[\sum F_i \times \ln(W_i)\right]_{\text{à T0}}}{t}$$

Les transformations logarithmiques ont été effectuées avant les calculs de moyennes en accord avec la démarche proposée par Kimmerer et Mc Kinnon (1987). Cette démarche résulte du fait que les distributions qui ont été déterminées dans les incubations ont été celles des stades et non celles des poids et que la relation entre le stade et le poids est généralement une relation exponentielle.

L'existence d'une différence entre la distribution des poids transformés au début de l'incubation et celle des poids transformés à la fin de l'incubation a été testée à l'aide d'un test Kolmogorov et Smirnov.

Cette méthode présente de nombreuses analogies avec celle employée pour déterminer la production d'oeufs. Elle présente l'avantage de ne pas être sensible aux problèmes d'importation, d'exportation ou de déplacement des populations (Irigoien, 1994) et ne nécessite pas une connaissance précise du taux de mortalité (Kimmerer, 1987). Par contre, dans la mesure où certains individus peuvent muer plusieurs fois durant les incubations, il n'est pas possible de calculer une production pour chaque stade en particulier.

<u>*Remarque*</u> : *Les termes de production d'oeufs et de production somatique désignent ici le poids produit par individus et par jour ou le poids produit par unité de poids individuel et par jour. Les termes de taux de croissance, taux de ponte, taux de production d'oeufs, de production spécifique ou de productivité sont, entre autres, également utilisés dans la littérature pour désigner ces notions et aucune unanimité ne semble se dégager autours de la terminologie à adopter (Lucas et Beninger, 1985 ; Lucas, 1993). Les termes utilisés ont été choisis tout à fait arbitrairement. Ils ne doivent pas être confondus avec leurs équivalents démographiques (en $\mu g.m^{-3}.j^{-1}$ par exemple) qui font appel à des notions de densité en individus.*

VII. 3) Résultats

Poids des différents stades

Le poids sec d'un stade donné s'est avéré assez variable d'une expérience à l'autre. Les plus grandes amplitudes de variation ont été observées pour les femelles (3,3 à 18,9 µg dans le cas d'*E. affinis*, 3,3 à 4,3 dans le cas d'*A. bifilosa*) et les plus faibles amplitudes ont été observées pour les stades les plus jeunes.

En fonction du stade, le poids a toujours suivi une évolution exponentielle (Fig. VII. 5 et VII. 6). Une telle évolution, nécessaire à l'application de la méthode de calcul adoptée, était largement attendue.

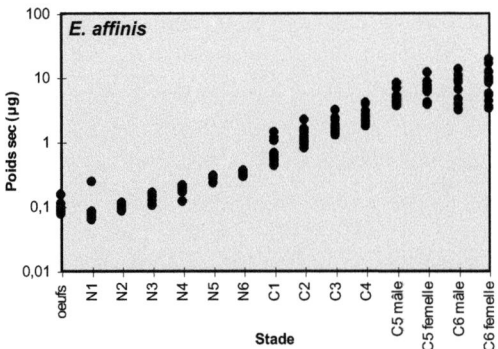

Figure VII. 5 : *E. affinis*. Poids secs mesurés au début des différentes expériences destinées à évaluer la production somatique des stades juvéniles, en fonction du stade de développement.

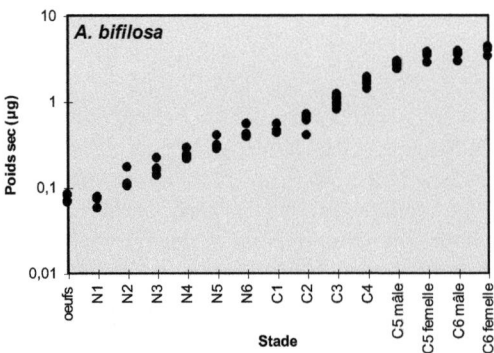

Figure VII. 6 : *A. bifilosa*. Poids secs mesurés au début des différentes expériences destinées à évaluer la production somatique des stades juvéniles, en fonction du stade de développement.

Résultats obtenus avec E. affinis

Dans le cas d'*E. affinis*, la production par unité de poids sec des stades copépodites (moyenne des mesures : 0,086 ± 0,012 µg.µg^{-1}.j^{-1}) s'est toujours avérée supérieure ou égale (ANOVA, p < 0,001) à celle des femelles (moyenne des mesures : 0,033 ± 0,007 µg.µg^{-1}.j^{-1}). Une certaine tendance à la proportionnalité (r = 0,616 ; n = 14 ; p < 0,05) semble être apparue entre ces deux quantités (Fig. VII. 7). Toutefois, la corrélation n'est plus significative (r = 0,472 ; n = 14 ; p = 0,10) si l'on écarte la seule valeur de production des femelles supérieure à 0,1 µg.µg^{-1}.j^{-1}.

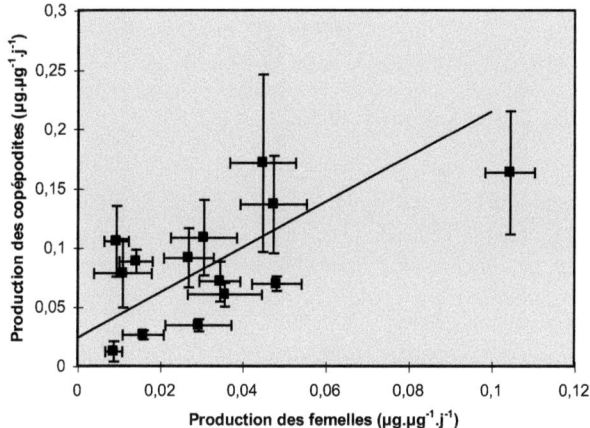

Figure VII. 7 : *E. affinis*. Production par unité de poids sec des stades copépodites en fonction de la production par unité de poids sec des femelles (production d'oeufs). Les barres verticales et horizontales indiquent les erreurs standards. La droite a été obtenue par la méthode des moindres rectangles.

Toujours comparée à celle des femelles, la production par unité de poids sec des stades naupliens (moyenne des mesures : 0,11 ± 0,03 µg.µg^{-1}.j^{-1}) a été encore plus élevée que celle des stades copépodites (Fig. VII. 8). Par contre, ni un test paramétrique (r = 0,558 ; n = 8 ; p = 0,15) ni un test non paramétrique (Spearman, r = 0,548 ; n = 8 ; p = 0,15) n'indiquent de corrélation significative.

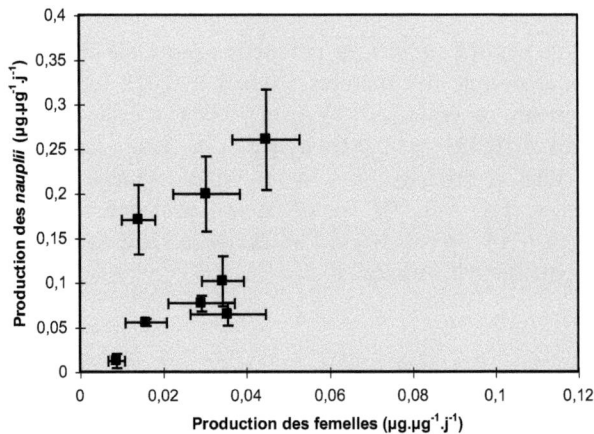

Figure VII. 8 : *E. affinis*. Production par unité de poids sec des stades naupliens en fonction de la production par unité de poids sec des femelles (production d'oeufs). Les barres verticales et horizontales indiquent les erreurs standards.

En fonction des paramètres environnementaux retenus au cours des chapitres précédents comme pouvant affecter la production des femelles (température et concentration en MES), on peut observer que les différentes valeurs de production ont évolué de manières assez comparables (Fig. VII. 9 et VII. 10).

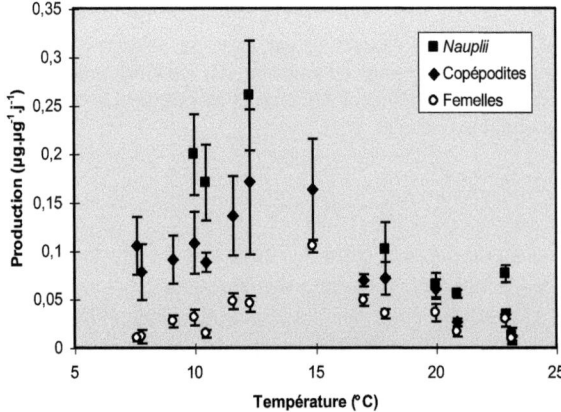

Figure VII. 9 : *E. affinis*. Production par unité de poids sec des stades naupliens (Carrés pleins), des stades copépodites (Losanges pleins) et des femelles (Ronds vides) en fonction de la température. Les barres verticales indiquent les erreurs standards.

- Comparaison entre la production des femelles et celle des stades juvéniles -

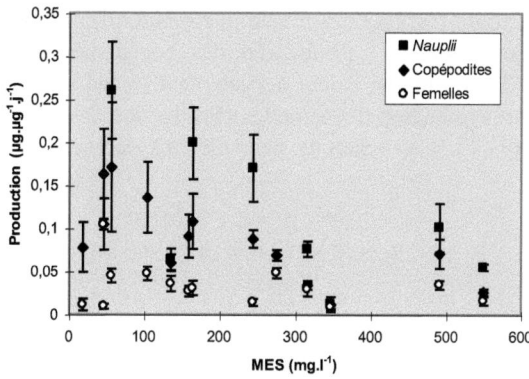

Figure VII. 10 : *E. affinis*. Production par unité de poids sec des stades naupliens (Carrés pleins), des stades copépodites (Losanges pleins) et des femelles (Ronds vides) en fonction de la concentration en MES. Les barres verticales indiquent les erreurs standards.

Toutefois, on peut également remarquer que plus la température a été faible, plus les écarts entre la production des femelles et celles des stades copépodites et naupliens ont été importants (Fig. VII. 11). Pour des températures inférieures à 15°C, la production des juvéniles a été entre 3 et 10 fois supérieure à celle des femelles mais pour des températures supérieures à 15°C, la production des juvéniles a toujours été moins de deux fois plus élevée que celle des femelles. De même, la production des stades naupliens a été 6 à 12 fois plus élevée que celle des femelles pour des températures inférieures à 15°C mais a toujours été moins de 3 fois plus importante pour des températures supérieures à 15°C.

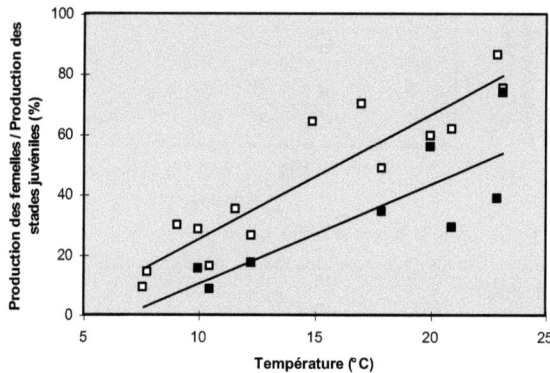

Figure VII. 11 : *E. affinis*. Rapport entre la production des femelles et la production des stades copépodites (Carrés vides) ou des stades naupliens (Carrés pleins) en fonction de la température. Les droites ont été obtenues par régressions simples.

- Comparaison entre la production des femelles et celle des stades juvéniles -

Un calcul de régression a révélé une relation significative entre le rapport Production des femelles / Production des copépodites (P_f / P_c, en %) et la température (T). Le même calcul a également révélé une relation significative entre le rapport Production des femelles / Production des *nauplii* (P_f / P_n, en %) et la température (T). Ces relations peuvent être décrites à l'aide des équations suivantes :

$$P_f / P_c = 4,1 \text{ T} - 15,9$$
$$(r^2 = 0,851 \; ; \; n = 14 \; ; \; p < 0,001)$$

$$P_f / P_n = 3,3 \text{ T} - 22,7$$
$$(r^2 = 0,677 \; ; \; n = 8 \; ; \; p < 0,05)$$

En fonction de la concentration en MES, aucune relation de ce type n'a été observée (Fig. VII. 12).

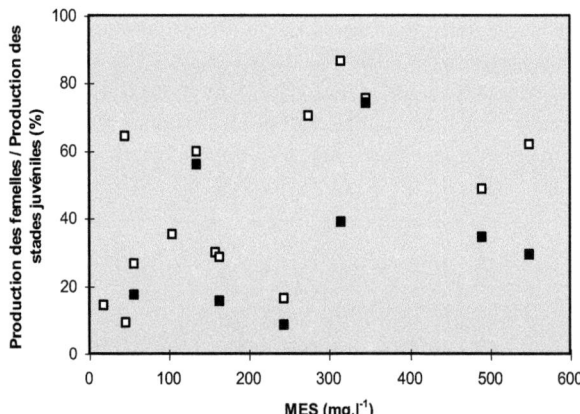

Figure VII. 12 : *E. affinis*. Rapport entre la production des femelles et la production des stades copépodites (Carrés vides) ou des stades naupliens (Carrés pleins) en fonction de la concentration en MES.

Résultats obtenus avec A. bifilosa

Dans le cas d'*A. bifilosa*, la production des stades copépodites (moyenne des mesures : $0{,}083 \pm 0{,}020$ $\mu g.\mu g^{-1}.j^{-1}$) s'est également avérée significativement plus élevée que celle des femelles (moyenne des mesures : $0{,}059 \pm 0{,}014$ $\mu g.\mu g^{-1}.j^{-1}$) mais cette fois, une relation de proportionnalité hautement significative est apparue (Fig. VII. 13).

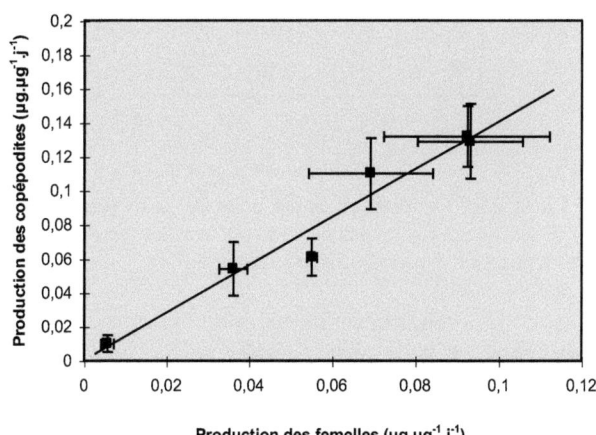

Figure VII. 13 : *A. bifilosa*. Production par unité de poids sec des stades copépodites en fonction de la production par unité de poids sec des femelles (production d'oeufs). Les barres verticales et horizontales indiquent les erreurs standards. La droite a été obtenue par la méthode des moindres rectangles.

Avec P_c pour désigner la production des stades copépodites (en $\mu g.\mu g^{-1}.j^{-1}$) et P_f pour désigner la production des femelles (en $\mu g.\mu g^{-1}.j^{-1}$), cette relation peut être décrite à l'aide de l'équation suivante :

$$P_c = 1{,}41 \cdot P_f$$
$$(r^2 = 0{,}962 \ ; \ n = 6 \ ; \ p < 0{,}001)$$

La production des stades naupliens (moyennes des mesures : $0{,}12 \pm 0{,}033$ $\mu g.\mu g^{-1}.j^{-1}$) a toujours été supérieure à celle des stades copépodites et *a fortiori* à celle des femelles. Dans ce cas, aucune relation de proportionnalité significative n'a été détectée (Fig. VII. 14).

- Comparaison entre la production des femelles et celle des stades juvéniles -

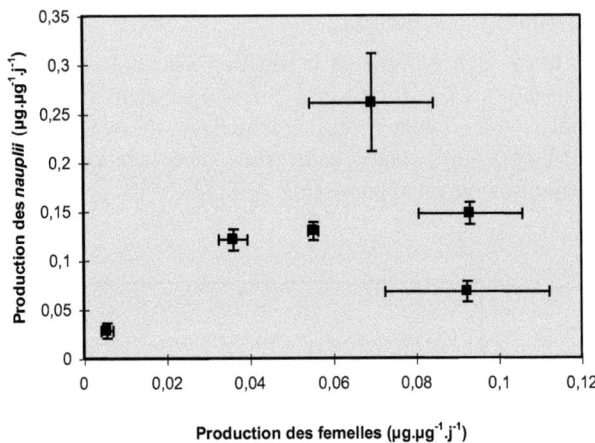

Figure VII. 14: *A. bifilosa*. Production par unité de poids sec des stades naupliens en fonction de la production par unité de poids sec des femelles (production d'oeufs). Les barres verticales et horizontales indiquent les erreurs standards.

La relation de proportionnalité qui a été observé entre la production des stades copépodites et celle des femelles a logiquement conduit vers un parallélisme de leurs évolutions en fonction de la température (Fig. VII. 15) ou de la concentration en MES (Fig. VII. 16). La production des stades naupliens, bien que non significativement corrélée aux deux précédentes, a toutefois évolué de manière assez comparable.

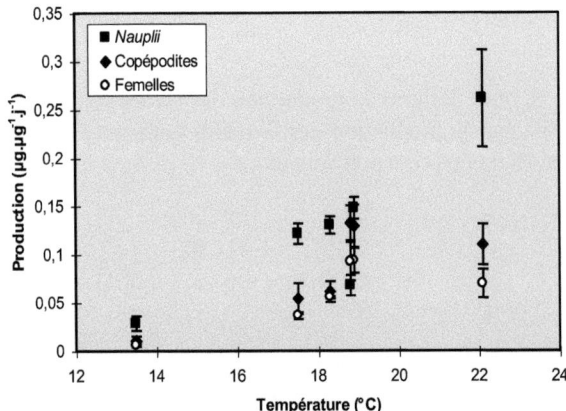

Figure VII. 15 : *A. bifilosa*. Production par unité de poids sec des stades naupliens (Carrés pleins), des stades copépodites (Losanges pleins) et des femelles (Ronds vides) en fonction de la température. Les barres verticales indiquent les erreurs standards.

- Comparaison entre la production des femelles et celle des stades juvéniles -

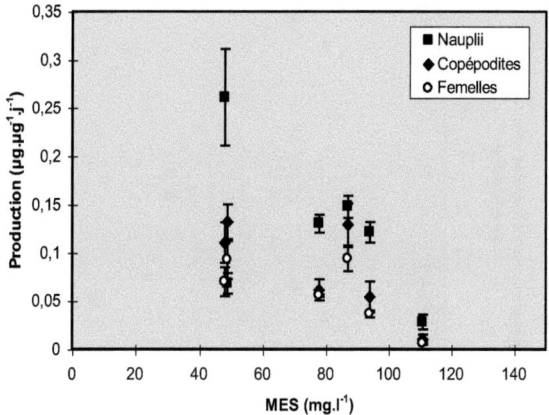

Figure VII. 16 : *A. bifilosa*. Production par unité de poids sec des stades naupliens (Carrés pleins), des stades copépodites (Losanges pleins) et des femelles (Ronds vides) en fonction de la concentration en MES. Les barres verticales indiquent les erreurs standards.

La variabilité de l'écart entre la production des *nauplii* et celle des femelles n'a semblé dépendre ni de la température (Fig. VII. 17) ni de la concentration en MES (Fig VII.18).

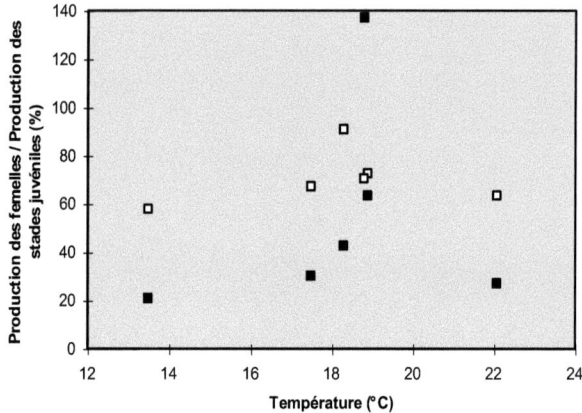

Figure VII. 17 : *A. bifilosa*. Rapport entre la production des femelles et la production des stades copépodites (Carrés vides) ou des stades naupliens (Carrés pleins) en fonction de la température.

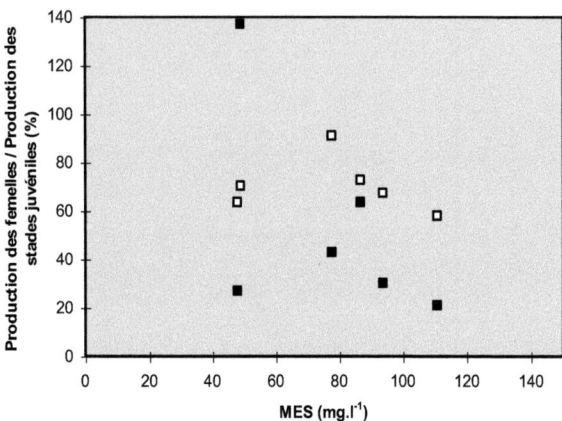

Figure VII. 18 : A. bifilosa. Rapport entre la production des femelles et la production des stades copépodites (Carrés vides) ou des stades naupliens (Carrés pleins) en fonction de la concentration en MES.

VII. 4) Discussion

Comparaison entre les données obtenues et celles de la littérature

Les données acquises au cours de ce chapitre se sont avérées comparables à celles disponibles dans la littérature.

Bien que très variables pour un stade donné, les poids mesurés ont été dans la gamme de ceux proposés par Crawford et Daborn (1986), Castel et Feurtet (1989) ou Irigoien (1994). A titre d'exemple, Heinle et Flemer (1975) ont observé des poids allant de 2,8 à 19,5 µg pour les femelles d'*E. affinis*, valeurs qui coïncident avec celles qui ont été rencontrées au cours de cette étude (3,3 à 18,9 µg).

Lorsque la comparaison a été possible, les valeurs de production par unité de poids sec ont elles aussi été proches de celles de la littérature (Tableau VII. 1). On notera toutefois qu'il n'existe que très peu d'études distinguant la production des stades naupliens de celle des stades copépodites et qu'à notre connaissance la production d'oeufs et la production des stades naupliens d'*A. bifilosa* n'ont jamais été étudiées auparavant.

Espèce	Production par unité de poids sec ($\mu g.\mu g^{-1}.j^{-1}$)			Auteurs
	Nauplii	Copépodites	Femelles	
E. affinis		0,05-0,36		Heinle et Flemer (1975)
	0,09 (N6)	0,01-0,20		Burkill et Kendall (1982)
		0,18-0,21		Arndt (1985)
		0,08-0,23		Christiansen (1988)
		0,01-0,16		Feurtet (1989)
		0,07-0,34	0,01-0,45	Hirche (1992)
		0,03-0,38		Peitsch (1992)
		0,05-0,18	0,08-0,12	Escaravage et Soetaert (1993)
	0,01-0,26	0,01-0,16	0,01-0,11	Cette étude
A. bifilosa		0,03-0,12		Ciszewski et Witek (1977)
		0,03-0,14		Irigoien (1994)
	0,03-0,26	0,01-0,13	0,01-0,09	Cette étude

Tableau VII. 1 : Comparaison entre les valeurs de production par unité de poids sec obtenues au cours de cette étude et les valeurs disponibles dans la littérature pour les mêmes espèces de copépode.

Relations entre production d'oeufs et production somatique

Au cours de cette étude, la production par unité de poids sec des stades copépodites a toujours été plus faible que celle des *nauplii*. Une production par unité de poids diminuant avec l'âge ou la taille a déjà été observée chez de nombreux organismes (Brody, 1945). Mais dans le cas des copépodes planctoniques, une telle observation ne fait pas l'unanimité. Les résultats de Huntley et Lopez (1992) ont en effet montré que la production par unité de poids des différents stades juvéniles de nombreuses espèces de copépodes était indépendante de leur état de développement. Kiørboe et Sabatini (1996), grâce à la compilation d'un grand nombre de données de la littérature, concluent même à une production par unité de poids sec plus élevée pour les stades copépodites que pour les stades naupliens.

Compte tenu des conditions sub-optimales régnant dans les milieux estuariens étudiés (voir chap. III), il est possible qu'au cours de nos expériences les stades copépodites aient été plus affectés par un ou plusieurs facteurs de l'environnement que les stades naupliens. Sur la base des différences morphologiques entre ces deux groupes, on peut imaginer, par exemple, que les stades naupliens aient un régime alimentaire différent de celui des stades copépodites et que la nourriture des premiers ait été plus abondante que celle des seconds. Dans un tel cas, l'écart entre la production des stades copépodites et celle des stades naupliens n'aurait pas une origine physiologique mais une origine environnementale, ce qui réconcilierait les observations faites au cours de cette étude avec celles des auteurs précédents.

La production par unité de poids sec des femelles s'est avérée plus faible que celle des stades évoqués ci-dessus mais cette fois, l'observation n'est pas sans précédent (Harris et Paffenhöfer, 1976 ; Paffenhöfer et Harris, 1976 ; Uye *et al.,* 1983 ; Sabatini et Kiørboe, 1994). Selon Kiørboe et Sabatini (1994), si la production par unité de poids des femelles n'était pas plus faible que celle des juvéniles, alors la mortalité des premières devrait être plus élevée que celle des seconds afin que l'équilibre démographique de la population soit maintenu. Or, ceci irait à l'encontre de la relation généralement bien acceptée entre la mortalité et le poids des individus, la mortalité tendant à diminuer lorsque le poids augmente (Peterson et Wroblewski, 1984 ; Mc Gurk, 1986). Il semble donc inévitable que la production des femelles soit plus faible que celle des stades juvéniles.

L'absence d'une stricte équivalence entre la production par unité de poids des femelles et celle des stades juvéniles n'interdit pas pour autant une éventuelle estimation de la production secondaire de toute la population à partir de la seule production d'oeufs. Les différentes valeurs de production n'ont en effet pas paru fondamentalement indépendantes. La production des femelles, celle des copépodites et, dans une moindre mesure, celle des *nauplii* ont suivi des évolutions souvent comparables en fonction de la température ou de la concentration en MES. Des mécanismes similaires pourraient contrôler la production de ces différents groupes, comme le suggèrent les résultats de Corkett et Mc Laren (1970) qui ont établi une correspondance entre la production d'oeufs et la production somatique de plusieurs espèces de copépodes pélagiques.

Dans le cas d'*A. bifilosa*, la production des femelles a très clairement été proportionnelle à celle des stades copépodites. Elle n'a pas été significativement corrélée à celle des stades naupliens mais dans ce second cas le nombre de mesures (6) a probablement été trop faible pour qu'une relation significative soit obtenue.

Dans le cas d'*E. affinis*, la relation entre la production des femelles et celles des stades juvéniles a semblé plus complexe qu'une simple relation de proportionnalité. Bien qu'évoluant globalement de manières comparables en fonction des conditions environnementales, la production des femelles et celle des stades juvéniles se sont avérées d'autant plus proches que la température a été élevée.

Le coût énergétique lié au transport des oeufs par les femelles de cette espèce pourrait expliquer cette observation. La taille du sac ovigère[*] est en effet connue comme inversement proportionnelle à la température (Vuorinen, 1982 ; Castel *et al.*, 1983 ; Hirche, 1992;). A titre d'exemple, des femelles portant plus de 100 oeufs (représentant un volume et un poids sec total équivalent à celui de la femelle elle-même) ont fréquemment été observées au cours de notre étude pour des températures inférieures à 8°C. Par contre, les femelles évoluant à des températures supérieures à 20°C ont rarement été observées avec plus d'une dizaine d'oeufs. Plus la taille du sac ovigère est importante, plus la femelle doit dépenser d'énergie pour se maintenir et se déplacer dans la colonne d'eau (Castel et Veiga, 1990). L'énergie ainsi dépensée n'étant plus disponible pour la production d'oeufs, ce phénomène pourrait avoir augmenté l'écart entre la production des femelles et celle des stades juvéniles pour des températures décroissantes.

L'absence de corrélation entre le rapport production des femelles / production des copépodites et la température dans le cas d'*A. bifilosa* conforte cette hypothèse dans la mesure où cette seconde espèce ne porte pas ses oeufs.

---

[*] La taille du sac ovigère est fonction de la différence entre la fécondité et le taux d'éclosion. Lorsque la température baisse, le taux d'éclosion diminue plus vite que la fécondité d'où un accroissement de la taille du sac.

Sur la base de l'ensemble de ces observations, il semble possible de paramétriser les relations entre production d'oeufs et production somatique. Toutefois, un plus grand nombre de données ainsi qu'une vérification des hypothèses évoquées semblent nécessaires pour que la production d'oeufs des espèces étudiées puisse servir d'indicateur de la production secondaire de toute la population.

Rôle de la stratégie de reproduction adoptée

A travers la comparaison d'un grand nombre d'espèces de copépodes calanoïdes et cyclopoïdes, Kiørboe et Sabatini (1994, 1996) ont observé deux phénomènes importants. Premièrement, que la production par unité de poids sec des femelles d'espèces portant leurs oeufs était significativement plus faible que celle des femelles d'espèces ne portant pas leurs oeufs. Deuxièmement, que la production par unité de poids des femelles était significativement plus faible que celle des juvéniles dans le cas des espèces portant leurs oeufs alors qu'elle était souvent beaucoup plus proche de celle des juvéniles dans le cas des espèces ne portant pas leurs oeufs.

Les observations faites dans le cas des espèces portant leurs oeufs pourraient correspondre aux conséquences d'une stratégie de reproduction de type k, privilégiant la protection des oeufs au détriment de leur nombre. A l'inverse, les observations faites dans le cas des espèces ne portant pas leurs oeufs pourraient correspondre aux conséquences d'une stratégie de reproduction de type r, privilégiant le nombre d'oeufs produits.

Dans le cas d'*E. affinis*, les observations de Kiørboe et Sabatini (1994) semblent se vérifier. La valeur de production par unité de poids sec des femelles de cette espèce la plus élevée de cette étude ($0,107$ $\mu g.\mu g^{-1}.j^{-1}$) a en effet été plus faible que celles proposées dans la littérature pour des espèces ne portant pas leurs oeufs tout en restant du même ordre de grandeur que celle proposées pour des espèces portant leurs oeufs (Tableau VII. 2). Elle a également été plus faible que celle des stades juvéniles.

A l'inverse, les observations de Kiørboe et Sabatini (1994) ne semblent pas pouvoir être vérifiée dans le cas d'*A. bifilosa*. Dans le cadre de ce chapitre, la production par unité de poids sec des femelles de cette seconde espèce n'a pas dépassé $0,09$ $\mu g.\mu g^{-1}.j^{-1}$. Cette valeur est très inférieure à celles généralement rencontrées chez d'autres espèces de copépodes ne portant pas leurs oeufs (Tableau VII. 2). De plus, la production des femelles de cette espèce s'est toujours avérée inférieure à celle des juvéniles.

- Comparaison entre la production des femelles et celle des stades juvéniles -

Les mesures simultanées de production d'oeufs et de production somatique concernant *A. bifilosa* n'ont été réalisées que dans l'estuaire de la Gironde. Les conditions régnant dans ce milieu particulièrement turbide sont probablement à l'origine de la faiblesse des valeurs de production d'oeufs (voir Chap. III). La fécondité n'a en effet pas dépassé 6 oeufs par femelle et par jour dans cet estuaire alors que des valeurs de l'ordre de 30 oeufs par femelle et par jour ont été rencontrées dans l'estuaire de Mundaka.

Des investigations complémentaires, réalisées dans des conditions plus favorables à cette espèce que celle de la Gironde, semblent donc nécessaires.

Espèces portant leurs oeufs	Production par unité de poids sec maximale des femelles ($\mu g.\mu g^{-1}.j^{-1}$)	Auteurs
Pseudocalanus minutus	0,10	Dagg, 1977
Pseudodiaptomus marinus	0,10	Uye *et al.*, 1983
Pseudocalanus elongatus	0,11	Frost, 1985
Oithona similis	0,10	Sabatini et Kiørboe, 1994
Eurytemora affinis	0,11	Cette étude
Espèces ne portant pas leurs oeufs		
Paracalanus parvus	0,37	Checkley, 1980
Calanus pacificus	0,21	Runge, 1984
Acartia tonsa	0,60	Kiørboe *et al.*, 1985
Calanus morshallae	0,87	Peterson, 1988
Acartia tonsa	> 1,00	White et Roman, 1992
Undinula vulgaris	0,17	Park et Landry, 1993
Acartia bifilosa	0,09	Cette étude

Tableau VII. 2 : Comparaison entre les valeurs de production par unité de poids sec maximale des femelles de différentes espèces de copépodes portant ou ne portant pas leurs oeufs.

VIII. Conclusion générale

Les estuaires sont des passages étroits vers lesquels convergent les eaux provenant de vastes zones de drainages avant de rejoindre l'Océan. Les matières transportées par ces eaux, qu'elles soient issues du domaine limnique, du lessivage des sols ou de l'activité humaine, y subissent d'intenses transformations. L'importance et la nature de ces transformations influencent non seulement l'écologie des estuaires eux-mêmes mais aussi celle des écosystèmes littoraux adjacents. Une connaissance approfondie des processus biogéochimiques se produisant dans les estuaires à marée est donc indispensable à la gestion de l'ensemble des zones côtières et des richesses naturelles qui leur sont associées.

La compréhension des processus chimiques et microbiologiques affectant les matières transitant par les estuaires n'est pas suffisante à elle seule pour une gestion durable et efficace de ces milieux. Les facteurs contrôlant le développement des différents compartiments biologiques et les relations trophiques entre ces différents compartiments doivent également être connus.

Le présent travail a entièrement été consacré à l'étude d'un compartiment particulier, le mésozooplancton, et parmi les différents organismes qui composent ce compartiment, deux espèces dominantes, *E. affinis* et *A. bifilosa*, ont fait l'objet de toute notre attention.

L'étude de ces copépodes a été effectuée à travers des mesures de leur fécondité et à l'aide de méthodes indirectes car l'abondance et la diversité des particules en suspension dans les milieux estuariens limitent l'application de méthodes d'investigation plus directes. A l'aide de ces méthodes, nous avons pu :

- quantifier la fécondité, l'ingestion de phytoplancton, l'ingestion de nanophytoplancton et de nanozooplancton ainsi que la production des deux copépodes étudiés dans des conditions environnementales très variées,

- mettre en évidence que la température et la concentration en MES étaient deux facteurs prépondérants dans le contrôle de la fécondité (chap. III) et de l'ingestion (chap. IV et V) de ces copépodes, l'importance relative de ces deux facteurs dépendant de l'échelle d'observation,

- préciser qu'en fonction de la température, la fécondité de chacune des deux espèces évoluait selon une courbe bêta, les optimums de 15°C pour *E. affinis* et de 20°C pour *A. bifilosa* proposés dans la littérature (Ambler, 1982 ; Poli, 1982) semblant coïncider avec nos résultats (chap. III),

- observer que pour des concentrations en MES croissantes, la fécondité et l'ingestion de phytoplancton de ces espèces baissaient considérablement (chap. III, IV, V et VI).

Des examens plus détaillés des données obtenues nous ont également conduits aux conclusions suivantes :

♦ Les baisses de fécondité et d'ingestion associées à des teneurs croissantes en MES peuvent être attribuées à un impact direct des MES sur la capacité de ces animaux à capturer des proies ayant une valeur nutritive suffisante (chap. VI), à un impact indirect via un changement dans la qualité des proies disponibles (chap. V), mais en aucun cas à une baisse de la quantité de nourriture disponible (chap. III).

♦ Pour des concentrations en MES relativement faibles (< 100 mg.l^{-1}), les deux copépodes étudiés sélectionnent du phytoplancton (chap. V) en dépit du fait qu'ils soient capables d'ingérer une grande diversité de proies dont des détritus organiques (Heinle *et al.*, 1977). Ce phytoplancton pourrait couvrir les besoins en carbone de ces animaux (chap. IV et V).

♦ Pour des concentrations en MES élevées (> 300 mg.l^{-1}), rendant la capture du phytoplancton difficile, les deux espèces étudiées adoptent des stratégies nutritionnelles différentes (chap. IV et V). *E. affinis* continue à s'alimenter à un rythme équivalent à celui observé en présence de faibles teneurs en particules mais change de régime alimentaire. *A. bifilosa* ralentit voire stoppe son activité alimentaire, le phytoplancton restant sa principale ressource.

♦ En présence de concentrations en MES élevées, des organismes hétérotrophes (ciliés, flagellés) constituent une ressource alternative pour *E. affinis*. Cette nourriture alternative ne semble pas suffisante au maintien d'une fécondité élevée (chap. V).

♦ Des organismes hétérotrophes (ciliés, flagellés) sont parfois consommés par *A. bifilosa* mais uniquement en tant que ressource complémentaire et non en tant que ressource alternative (chap. V).

♦ La production des stades juvéniles et naupliens ne semble pas fondamentalement indépendante de celle des femelles. Certains des résultats obtenus à travers l'étude des femelles pourraient être étendus à toute la population, moyennant quelques précautions liées notamment à la stratégie de reproduction adoptée par l'espèce considérée (chap. VII).

A partir de ces différentes considérations et des informations disponibles dans la littérature, les relations unissant les principaux compartiments pélagiques estuariens ont été schématisées dans deux situations opposées, l'une correspondant à un milieu peu turbide (Fig. VIII. 1), l'autre correspondant à un milieu très turbide (Fig. VIII. 2).

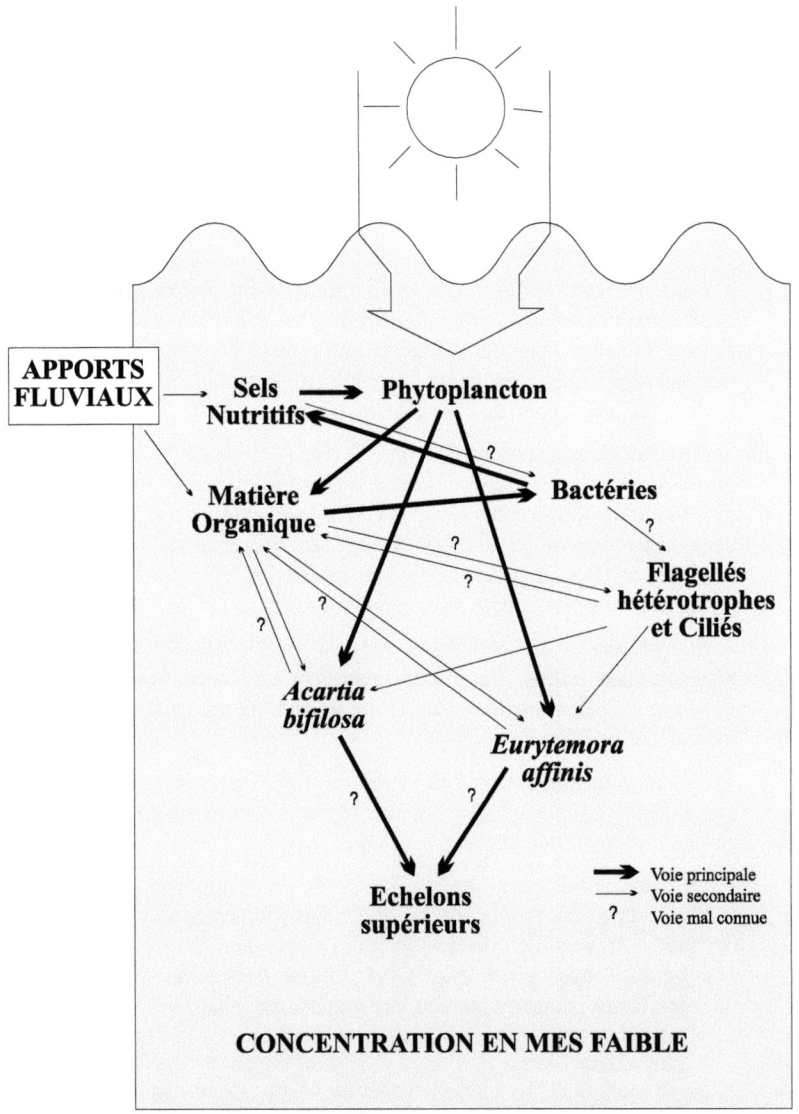

Figure VIII. 1 : Représentation simplifiée des transferts de matière entre les premiers maillons de la chaîne trophique dans un estuaire hypothétique peu turbide.

- Conclusion générale -

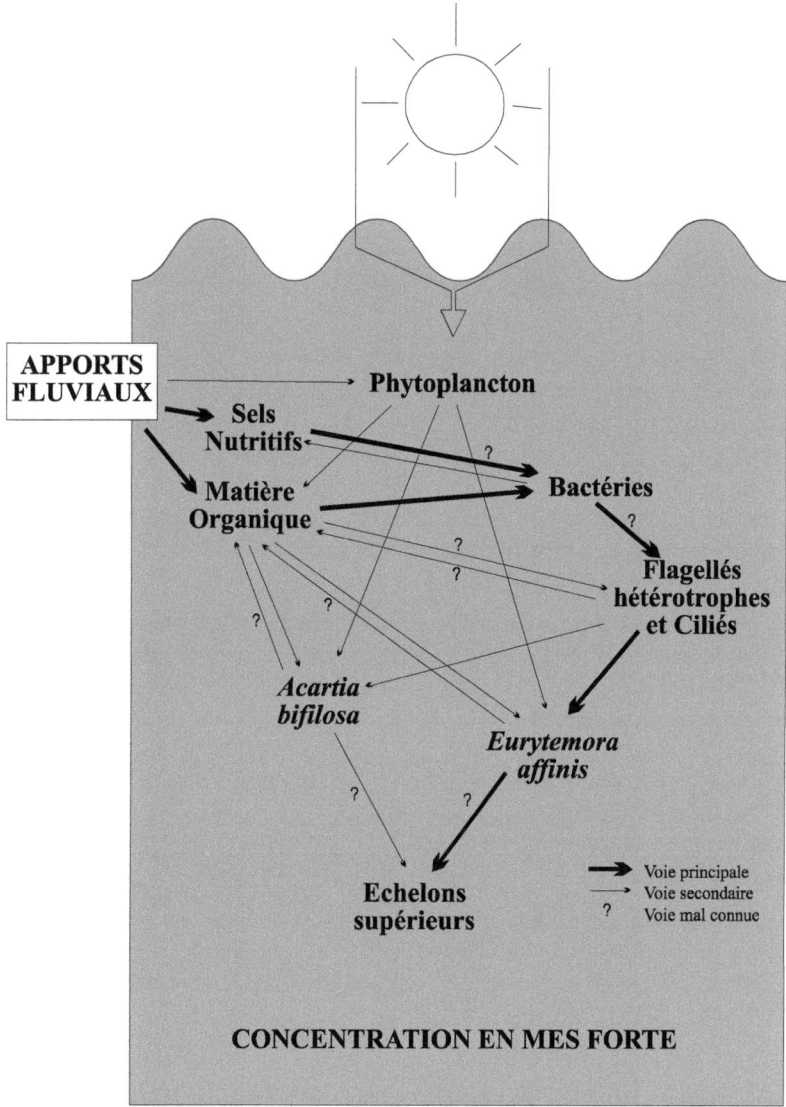

Figure VIII. 2 : Représentation simplifiée des transferts de matière entre les premiers maillons de la chaîne trophique dans un estuaire hypothétique très turbide.

E. affinis et *A. bifilosa* ont été artificiellement réunies sur ces figures. Il est assez rare de trouver ces deux espèces significativement représentées au même endroit et au même moment. En effet, *E. affinis* se développe généralement dans les zones oligohalines des estuaires avec des pics au printemps et en automne alors qu'*A. bifilosa* se développe plutôt dans les zones méso- et polyhalines avec un pic au début de l'été (Castel, 1981, 1993).

Une partie au moins de cette ségrégation pourrait être liée aux préférendums thermiques de ces deux espèces (aux alentours de 15 et de 20°C respectivement) mais leurs stratégies alimentaires pourraient également jouer un rôle très important.

E. affinis semble « préférer » le phytoplancton mais semble également en mesure de s'adapter à des conditions très turbides en changeant de régime alimentaire. Ainsi, ce copépode parait adapté à l'exploitation des ressources alimentaires se situant en amont des estuaires. D'importantes quantités de MES s'accumulent en effet très souvent dans ces zones mais, parfois, d'importantes quantités de phytoplancton issues de la production continentale s'y accumulent aussi, en particulier aux périodes correspondant aux préférendums thermiques de cette espèce.

A. bifilosa semble également « préférer » le phytoplancton mais, contrairement à *E. affinis,* ne semble pas en mesure de s'adapter à des conditions très turbides. Ainsi, ce copépode parait adapté à l'exploitation des ressources alimentaires se situant en aval des estuaires. Ces zones sont en effet presque toujours beaucoup moins turbides que les zones situées en amont et des blooms phytoplanctoniques s'y produisent parfois en été, période également favorable à *A. bifilosa* du point de vue de la température.

La limite à l'extension d'*E. affinis* vers la partie aval des estuaires, qui ne peut pas être attribuée à une intolérance osmotique, pourrait donc tenir au manque de synchronisation entre son préférendum thermique et l'apparition de ressources alimentaires abondantes dans cette zone ainsi qu'à la concurrence alimentaire d'*A. bifilosa* ou de toute autre espèce occupant cet espace.

Parallèlement, la limite à l'extension d'*A. bifilosa* vers la partie amont des estuaires pourrait également tenir au manque de synchronisation entre son préférendum thermique et l'apparition de ressources alimentaires abondantes dans cette zone mais aussi et surtout au fait que cette espèce ne tolère pas aussi bien qu'*E. affinis* les conditions engendrées par de fortes teneurs en MES.

En conséquence, les rôles joués par ces organismes dans le fonctionnement des écosystèmes estuariens doivent être considérés en fonction de la saison et en fonction de la turbidité du site considéré.

Pour des concentrations en MES relativement faibles (Fig. VIII. 1), *E. affinis* consomme le phytoplancton de la zone oligohaline où il se développe. Ce copépode pourrait ainsi limiter une trop grande accumulation de matière organique labile qui, lorsqu'elle se produit malgré tout, conduit souvent à une crise dystrophique grave (Sellner et Horwitz, 1983). La dégradation du phytoplancton excédentaire par les bactéries peut en effet provoquer une baisse de la concentration en oxygène pouvant aller jusqu'à l'anoxie et pouvant conduire à des mortalités massives.

Toujours pour des concentrations en MES faibles, *A. bifilosa*, pourrait jouer un rôle équivalent mais cette fois vis à vis du phytoplancton se développant en été et en aval de l'estuaire.

Pour des concentrations en MES élevées (Fig. VIII. 2), *E. affinis* est la seule des deux espèces susceptible de jouer un rôle important puisque *A. bifilosa* ne semble pas en mesure de se développer dans de telles conditions. Dans ce cas, *E. affinis* délaisse le phytoplancton et consomme surtout des organismes hétérotrophes probablement parce que ceux-ci deviennent plus « accessibles » que le phytoplancton (qui n'en demeure pas moins présent dans l'estuaire). Ce faisant, ce copépode pourrait influencer les mécanismes de dégradation des détritus avant qu'ils ne parviennent à l'Océan. En effet, une consommation directe des détritus par *E. affinis*, compte tenu des quantités mises en jeu, n'influencerait probablement pas visiblement le flux de matière organique transitant par l'estuaire. Par contre, l'ensemble de la chaîne détritus - bactéries - protozoaires - copépodes pourrait modifier ce flux dans la mesure où chaque maillon supplémentaire augmente considérablement la part de la matière organique finalement dégradée sous la forme de CO_2 et de sels nutritifs (Lucas, 1993). De plus, cette voie trophique pourrait subvenir aux besoins des échelons trophiques supérieurs en l'absence de production primaire autochtone.

Quel que soit la concentration en particules, les copépodes jouent d'ailleurs un rôle majeur dans la richesse halieutique des milieux estuariens. Ils constituent en effet l'essentiel de la nourriture de nombreuses espèces de crustacés (*Palaemon longirostris*, *Crangon crangon*) et d'alevins de poissons (*Alosa alosa*, *Alosa fallax*, *Liza ramada* entre autres) d'intérêt commercial.

En résumé, l'effet défavorable de fortes concentrations en MES sur les copépodes estuariens étudiés peut influencer l'abondance et la répartition de nombreux organismes vivant dans l'estuaire, les relations trophiques entre ces différents organismes et en conséquence, la plupart des flux de matière traversant l'écosystème.

- Conclusion générale -

Les eaux estuariennes étant souvent bien plus turbides que celles de la plupart des autres milieux aquatiques et les copépodes étudiés étant inféodés à ces eaux, on aurait pu s'attendre à une plus grande tolérance de ces animaux vis à vis de ce facteur. Toutefois, plusieurs éléments viennent relativiser cette remarque.

Tout d'abord, rien ne permet d'affirmer que ces copépodes ne soient pas plus tolérants à la concentration en MES que des espèces se développant habituellement dans des eaux beaucoup plus claires.

De plus, l'effet négatif des MES ne s'est exprimé qu'à des échelles d'observations assez larges (plusieurs centaines de mg.l^{-1}) incluant des concentrations qui ne sont pas atteintes dans tous les estuaires. Dans certains estuaires (l'Escaut par exemple) l'effet des MES est apparu négligeable alors que dans d'autres (la Gironde par exemple) il a semblé jouer un rôle déterminant.

Par ailleurs, la présence de fortes teneurs en particules pourrait être associée à certains avantages au niveau de la population qui compenseraient son effet néfaste au niveau de l'individu. Les mécanismes hydrodynamiques qui retiennent les particules en suspension dans un estuaire favorisent également la rétention des organismes planctoniques (Castel et Veiga, 1990). Ainsi, l'affaiblissement de la fécondité qui a été observé pourrait être compensé au niveau de la population par des expulsions moins fréquentes vers l'océan.

Enfin, on peut également imaginer que les milieux turbides représenteraient un « abri » pour les copépodes étudiés qui, à défaut de leur permettre un développement maximum, les éloignerait des compétitions interspécifiques et/ou les rendrait moins accessibles à leurs prédateurs (Selon Feurtet, 1989, seulement 5% de la production d'*E. affinis* sont utilisés par les niveaux trophiques supérieurs dans l'estuaire de la Gironde).

Ces remarques sont autant d'hypothèses plausibles pour expliquer l'apparent paradoxe entre l'effet néfaste des MES et les importantes biomasses planctoniques généralement observées dans les estuaires turbides.

Quoi qu'il en soit, il apparaît qu'une modification de la concentration en particules pourrait être lourde de conséquences. Le rôle écologique d'un estuaire pourrait en effet être profondément modifié. On peut s'interroger, par exemple, sur l'avenir d'un estuaire tel que celui de Mundaka si la concentration en particules venait à y augmenter. La seule des deux espèces étudiées présente dans cet estuaire est *A. bifilosa*. Une augmentation modérée de la concentration en MES pourrait limiter l'impact de ce copépode sur le phytoplancton sans limiter le développement du phytoplancton dans les mêmes proportions. Le déséquilibre qui en résulterait pourrait conduire à une accumulation de matière organique, à une augmentation de l'activité dégradatrice des bactéries, à une disparition de l'oxygène et finalement à la disparition de tous les organismes aérobies.

Une telle modification de la concentration en particules pourrait être engendrée par un changement au niveau des phénomènes d'érosion, par un changement des débits fluviaux consécutifs à une modification de la pluviométrie ou par l'activité humaine (aménagements importants, rejets urbains etc...).

Combinée aux contraintes imposées aux copépodes par la concentration en MES, une modification de la température pourrait également être lourde de conséquences. Un réchauffement global de la planète tel qu'il est souvent suggéré dans la littérature, conduirait sans doute à la disparition d'*E. affinis* dans les estuaires situés à la limite sud de son aire de répartition. Dans les estuaires peu turbides, un tel réchauffement pourrait également conduire à une progression des populations d'*Acartidae* mais dans les estuaires turbides on peut se demander quelle espèce tiendrait alors le rôle écologique d'*E. affinis*. Dans l'estuaire de la Gironde, des observations entretenues depuis 1975 montrent que la température moyenne n'ayant cessé d'augmenté, l'abondance et la fécondité d'*E. affinis* n'ont cessé de diminué (Castel, 1993). A terme, le fonctionnement de l'écosystème pourrait donc être profondément modifié.

L'activité humaine est parfois mise en cause dans ce type de phénomène (rejets urbains ou industriels, installation de centrales électriques etc...). Or, les moyens nécessaires au maintien de la qualité des eaux sont généralement importants et coûteux. Il importe donc très souvent de connaître avec précision les limites de tolérance de l'écosystème afin que les moyens finalement mis en oeuvre soient adaptés à la situation. Connaître ces limites nécessite une modélisation précise des différents phénomènes. Ainsi, dans l'avenir, de nombreuses incertitudes devront faire l'objet de recherches approfondies. Ces incertitudes concernent notamment :

* L'origine du phytoplancton, car la production primaire autochtone et les phénomènes d'importations sont des éléments essentiels à la compréhension des écosystèmes estuariens,

* La nature et la dynamique des populations microbiennes au sens large, c'est à dire incluant les organismes eucaryotes tels que les ciliés et les flagellés hétérotrophes qui restent très mal connus en estuaire,

* Le devenir de la production zooplanctonique car le nombre de prédateurs potentiels est important mais les principales voies trophiques restent mal définies.

- Conclusion générale -

Au niveau des copépodes eux-mêmes, de nombreuses précisions devront également être apportées et en particulier sur les points suivants :

* Les mécanismes permettant aux copépodes d'extraire leur nourriture de la matrice minérale,

* Le rôle des détritus dans leur alimentation car même si une grande partie des besoins en carbone de ces animaux semble couverte par le phytoplancton, rien n'interdit que des détritus soient parfois utilisés en complément,

* Le comportement alimentaire des juvéniles et des *nauplii,* car même si au cours de cette étude ces stades ont semblé répondre aux facteurs de l'environnement d'une manière comparable à celle des femelles, les incertitudes restent importantes.

Pour aborder ces questions avec une précision suffisante, de nouveaux outils d'investigation devront sans doute être développés en relation avec les particularités des milieux estuariens. La microcinématographie, l'analyse d'image en trois dimensions, la chromatographie liquide sous haute pression (H.P.L.C.) appliquée aux carotenoïdes et aux substances humiques contenues dans l'intestin des copépodes, ou la mesure de nouveaux indicateurs biochimiques sont autant de voies possibles dont certaines ont déjà fait l'objet d'expériences préliminaires prometteuses.

Références bibliographiques

Allan, J.D., Richman, S., Heinle, D.R. and Huff, R. (1977) Grazing in juvenile stages of some estuarine calanoid copepod. *Mar. Biol.*, **43**, 317-331.

Allen, G.P. (1972) Etude des processus sédimentaires dans l'estuaire de la Gironde. *Mem. Inst. Géol. Bassin d'Aquitaine*, Bordeaux, **5**, 314 pp.

Ambler, J.W. (1982) Influence of natural particle diets on egg laying and hatching success of *Acartia tonsa* in East Lagoon, Galveston, Texas. *Dissertation.* Univ. A&M Texas.

Ambler, J.W. (1985) Seasonal factors affecting egg production and variability of eggs of *Acartia tonsa dana* from East Lagoon, Galveston, Texas. *Estuar. Coast. Shelf. Sci.*, **20**, 743-760.

Ambler, J.W. (1986) Formulation of an ingestion function for a population of *Paracalanus* feeding on mixtures of phytoplankton. *J. Plankt. Res.*, **8**, 957-972.

Anraku, M. (1964) Some technical problems encountered in quantitative studies of grazing and predation by marine planktonic copepods. *J. Oceanogr. Soc. Japan,* **20**, 19-29.

ARGE Elbe (1984) Gewässerökologische studie der Elbe, Wassergütestelle Elbe, Hamburg.

Arndt, H. (1985) Untersuchungen zur populationsökologie des Zooplankter eines inneren Küstengewässers des Ostsee. *Thèse doctorat.* Univ. Rostock, 170 pp.

Arruda, J.A., Marzolf, G.R. and Faulk, R.T. (1983) The role of suspended sediments in the nutrition of zooplankton in turbid reservoirs. *Ecol.*, **64**, 1225-1235.

Ayukai, T. (1987) Feeding by the planktonic calanoid copepod *Acartia clausi* Giesbrecht on natural suspended particulate matter of varying quantity and quality. *J. Exp. Mar. Biol. Ecol.*, **106**, 137-149.

Baker, J.M. and Wolff, W.J. (1987) Biological surveys of estuaries and coasts. Cambridge Univ. Press (ed.), 449 pp.

Bakker, C. and De Pauw, N. (1975) Comparison of plankton assemblages of identical salinity ranges in estuarine tidal, and stagnant environments II. Zooplankton. *Netherlands J. Sea Res.*, **9**, 145-165.

Ban, S. (1994) Effect of temperature and food concentration on post-embryonic development, egg production and adult body size of calanoid copepod *Eurytemora affinis. J. Plankt. Res.,* **16**, 721-735.

Barthel, K.G. (1983) Food uptake and growth efficiency of *Eurytemora affinis (copepoda : calanoida). Mar. Biol.*, **74**, 269-274.

Bautista, B., Rodriguez, V. and Jimenez, F (1988) Short term feeding rates of *Acartia grani* in natural conditions : diurnal variation. *J. Plank. Res.*, **10**, 907-920.

Bautista, B., Harris, R.P., Rodriguez, V. and Guerrero, F. (1994) Temporal variability in copepod fecundity during two different spring bloom periods in coastal waters of Plymouth (SW England). *J. Plankt. Res.*, **16**, 1367-1377.

Beckmann, R.B. and Peterson, W.T. (1986) Egg production by *Acartia tonsa* in Long Island sound. *J. Plankt. Res.*, **8**, 917-925.

Bellantoni, D.C. and Peterson, W.T. (1987) Temporal variability in egg production rates of *Acartia tonsa (dana)* in Long Island sound. *J. Exp. Mar. Biol. Ecol.*, **107**, 199-219.

Berggreen, U., Hansen, B. and Kiørboe, T. (1988) Food size spectra, ingestion and growth of the copepod *Acartia tonsa* during development : implications for determination of copepod production. *Mar. Biol.*, **99**, 341-352.

Berk, S.G., Brownlee, D.C., Heinle, D.R., Kling, H.J. and Colwell, R.R. (1977) Ciliates as food source for marine planktonic copepods. *Microbial Ecol.*, **4**, 27-40.

Boak, A.C. and Goulder, R. (1983) Bacterioplankton in the diet of calanoid copepod *Eurytemora sp.* in the Humber estuary. *Mar. Biol.*, **73**, 139-149.

Bradford, M.M. (1976) A rapid and sensitive method for the quantification of microgram quantities of protein utilizing the principle of protein dye binding. *Analyt. Biochem.*, **72**, 248-254.

Bradley, B.P. (1975) The anomalous influence of salinity on temperature tolerances of summer and winter populations of the copepod *Eurytemora affinis*. *Biol. Bull.*, **148**, 26-34.

Brockmann, U.H., Edelkraut, F., Raabe, T. and Viehweger, K.H. (1995) Organic matter and nutrients. *Rapport final MATURE CEC Environment programme*, Hambourg, 41 pp.

Brody, S. (1945) Bioenergetics and growth. Reinhold.

Burdloff, D. (1993) Potentiel nutritif du bouchon vaseux : impact sur les copépodes. *D.E.A*. Univ. Bordeaux I, 28 pp.

Burkill, P.H. and Kendall, T.F. (1982) Production of the copepod *Eurytemora affinis* in the Bristol Channel. *Mar. Ecol. Prog. Ser.*, **7**, 21-31.

Carrick, H.J., Fahnenstiel, G.L., Stoermer, E.F. and Wetzel, R.G.(1991) The importance of zooplankton-protozoan trophic couplings in lake Michigan. *Limnol. Oceanogr.*, **36**, 1335-1345.

Castaing, P. et Jouanneau, J.M. (1979) Temps de résidence des eaux et des suspensions dans l'estuaire de la Gironde. *J. Rech. Océanogr.*, **4**, 41-52.

Castaing, P., Jouanneau, J.M., Prieur, D., Rangel-Davalos, C. et Romaña, L.A. (1984) Variations spatio-temporelles de la granulométrie des suspensions de l'estuaire de la Gironde. *J. Rech. Océanogr.*, **9**,115-119.

Castel, J. (1981) Aspects de l'étude écologique du plancton de l'estuaire de la Gironde. *Oceanis,* **6,** 535-577.

Castel, J. (1984) Dynamique de copépode *Eurytemora hirundoides* dans l'estuaire de la Gironde : influence du bouchon vaseux. *J. Rech. Océanogr.*, **9**, 112-114.

Castel, J. (1993) Long-term distribution of zooplankton in the Gironde estuary and its relation with river flow and suspended matter. *Cah. Biol. Mar.*, **34**, 145-163.

Castel, J. et Feurtet, A. (1985) Dynamique du copépode *Eurytemora affinis hirundoides* dans l'estuaire de la Gironde : utilisation d'un modèle à compartiments. *J. Rech. Océanogr.*, **10**, 134-136.

Castel, J. et Feurtet, A. (1986) Influence des matières en suspension sur la biologie d'un copépode estuarien : *Eurytemora hirundoides* (Nordquist 1888). *Coll. Nat. CNRS "Biologie des population"*, Lyon, 4-6 sept. 1986, 391-396.

- Références bibliographiques -

Castel, J. and Feurtet, A. (1989) Dynamics of the copepod *Eurytemora affinis hirundoides* in the Gironde estuary: origine and fate of its production. In Ros, J.D. (ed.) T*opics in Mar. Biol.*. Scientia Marina, Barcelone, 577-584.

Castel, J. and Feurtet, A. (1993) Morphological variations in the estuarine copepod *Eurytemora affinis* as a response to environmental factors. In Aldrich, J.C. (ed.) *Quantified phenotypic responses in morphology and physiology*. JAPAGA, Ashford, 179-189.

Castel, J. and Veiga, J. (1990) Distribution and retention of the copepod *Eurytemora affinis hirundoides* in a turbid estuary. *Mar. Biol.*, **107**, 119-128.

Castel, J. et Villate, F. (1996) Réponse biologique de deux compartiment trophiques (micro- et mésozooplancton) à différents régimes hydrologiques et degrés d'alteration anthropique dans deux systèmes estuariens : Mundaka et Gironde. *Rapport fond commun de coopération Aquitaine/Euskadi/Navarre*, Bordeaux, 38 pp.

Castel, J., Courties, C. et Poli, J.M. (1983) Dynamique du copépode *Eurytemora hirundoides* dans l'estuaire de la Gironde : effet de la température. *Oceanol. acta,* Proc. Symp. Europ. Biol. Mar., 57-61.

Cervetto, G., Gaudy, R., Pagano, M., Saint Jean, L., Verriopoulos, G., Arfi, R. and Leveau, M. (1993) Diel variation in *Acartia tonsa* feeding, respiration and egg production in a mediterranean coastal lagoon. *J. Plankt. Res.*, **15**, 1207-1229.

Checkley, D.M.Jr. (1980) a) The egg production of a marine planktonic copepod in relation to its food supply : laboratory studies. *Limnol. Oceanogr.*, **25**, 430-446.

Checkley, D.M.Jr. (1980) b) Food limitation of egg production by a marine planktonic copepod in the sea off southern California. *Limnol. Oceanogr.*, **25**, 991-996.

Christiansen, B. (1988) Vergleichende Untersuchungen zur populationdynamik von *Eurytemora affinis*, poppe, und *Acartia tonsa*, dana, *copepoda* in der Schlei. *Thèse doctorat*. Univ. Hambourg.

Christoffersen, K. and Jespersen, A.M. (1986) Gut evacuation rates and ingestion rates of *Eudiaptomus graciloides* measured by means of gut fluorescence method. *J. Plankt. Res.*, **8**, 973-983.

Ciszewski, P. and Witek, Z. (1977) Production of older stages of copepods *Acartia bifilosa* Giesberg and *Pseudocalanus elongatus* Boeck in Gdansk bay. *Pol. Arch. Hydrobiol.*, **24**, 449-459.

CNEXO (1977) Etude écologique de l'estuaire de la Gironde. *Rapport final*. CNEXO-EDF (eds). 470 pp.

Conover, R.J. (1956) Oceanography of Long Island Sound. VI. Biology of *Acartia clausi* and *A. tonsa*. *Bull. Bingham. Oceanogr. Coll.,* **15**, 156-233.

Conover, R.J. (1986) Probable loss of chlorophyll derived pigments during passage through the gut of zooplankton and some of the consequences. *Limnol. Oceanogr.*, **31**, 878-887.

Conover, R.J. and Corner, E.D.S. (1968) Respiration and nitrogen excretion by some marine zooplankton in relation to their life cycles. *J. Mar. Biol. Ass. U.K.*, **48**, 49-75.

Corkett, C.J. and Mc Laren, I.A. (1970) Relationships between development rate of eggs and older stages of copepods. *J. mar. biol. Ass. U.K.,* **50**, 161-168.

Corkett, C.J. and Zillioux, E.J. (1975) Studies on the effect of temperature on the egg laying of three species of calanoid copepods in laboratory (*Acartia tonsa, Temora longicornis* and *Pseudocalanus elongatus*). *Bull. Plankt. Soc. Jap.*, **21**, 77-85.

Corner, E.D.S. and Davies, A.G. (1971) Plankton as a factor in the nitrogen and phosphorus cycles in the sea. *Adv. Mar. Biol.*, **9**, 101-204.

Cowles, T.J., Olson, R.J. and Chisholm, S.W. (1988) Food selection by copepods : discrimination on the basis of food quality. *Mar. Biol.*, **100**, 41-49.

Crawford, P. and Daborn, G.R. (1986) Seasonal variations in body size and fecundity in a copepod of turbid estuaries. *Estuaries*, **9**, 133-141.

Dagg, M.J. (1977) Some effects of patchy food environments on copepods. *Limnol. Oceanogr.*, **22**, 99-107.

Dagg, M.J. and Grill, D.W. (1980) Natural feeding rates of *centropages typicus* females in the New York bight. *Limnol. Oceanogr.*, **25**, 583-596.

Dagg, M.J. and Walser, W.E. (1987) Ingestion, gut passage, and egestion by the copepod *Neocalanus plumchrus* in the laboratory and in the subarctic Pacific ocean. *Limnol. Oceanogr.*, **32**, 178-188.

Dagg, M.J. and Wyman, K. (1983) Natural ingestion rates of the copepods *Neocalanus plumchrus* and *N. cristatus* calculated from gut contents. *Mar. Ecol. Prog. Ser.*, **13**, 37-46.

Dam, H.G. and Peterson, W.T. (1988) The effect of temperature on the gut clearance rate constant of planktonic copepod. *J. Exp. Mar. Biol. Ecol.*, **123**, 1-14.

Day, J.W.Jr., Hopkinson, C.S. and Conner, W.H. (1982) An analysis of environmental factors regulating community metabolism and fisheries production in a Louisiana estuary. In Kennedy, V.S. (ed.), *Estuarine comparisons*. Academic Press, New York, 121-136.

Day, J.W.Jr., Hall, C.A.S., Kemp, W.H. and Yanez Arancibia, A. (1989) Microbial ecology and organic detritus in estuaries. In Wiley, J. (ed.), *Estuarine Ecology.* 257-308.

De Jonge, V.N. (1980) Fluctuation in the organic carbon to chlorophyll a ratios for estuarine benthic diatom population. *Mar. Ecol. Prog. Ser.*, **2**, 345-353.

De Madariaga, I., Gonzalez-Azpizi, L., Villate, F. and Orive, E. (1992) Plankton responses to hydrological changes induced by freshets in a shallow mesotidal estuary. *Estuar. Coast. Shelf Sci.*, **35**, 425-434.

Descas, J.J. (1982) Distribution et composition de la charge organique et des composés phosphorés dans les eaux du fleuve. *Thèse d'Ingénieur*. C.N.A.M., Bordeaux, 180 pp.

De Sousa Sierra, M.M. and Donard, O.F.X. (1991) Simulation of fluorescence variability in estuaries. *Oceanologica acta*, **11**, 275-284.

Dubois, M., Gilles, K.A., Hamilton, J.K., Rebers, P.A. and Smith, F. (1956) Colorimetric method for determination of sugar and related substances. *Anal. Chem.*, **28**, 350-356.

Durbin, A.G., Durbin, E.G. and Wlodarczyk, E. (1990) Diel feeding behavior in the marine copepod *Acartia tonsa* in relation to food availability. *Mar. Ecol. Prog. Ser.*, **68**, 23-45.

Durbin, E.G. and Durbin, A.G. (1992) Effects of temperature and food abundance on grazing and short-term weight change in the marine copepod *Acartia hudsonica*. *Limnol. Oceanogr.*, **37**, 361-378.

Durbin, E.G., Durbin, A.G. and Campbell, R.G. (1992) Body size and egg production in the marine copepod *Acartia hudsonica* during a winter-spring diatom bloom in Narragansett Bay. *Limnol. Oceanogr.*, **37**, 342-360.

Durbin, E.G., Durbin, A.G., Smayda, T. and Verity, P.G. (1983) Food limitation of production by *Acartia tonsa* in Narraganset bay, Rhode Island.*Limnol. Oceanogr.*, **28**, 1199.

Enright, C.T., New Kirk, G.F., Craigie, J.S. and Castell, J.D. (1986) Growth of juvenile *Ostrea edulis* L. fed *chaetoceros gracilis* Shütt of varied chemical composition. *J. Exp. Mar. Biol. Ecol.*, **96**, 15-26.

Epstein, S.S. and Shiaris, M.P. (1992) Size-selective grazing of coastal bacterio plankton by natural assemblage of pigmented flagellates colorless flagellates and ciliates. *Microb. Ecol.*, **23**, 211-225.

Escaravage, V. and Soetaert, K. (1993) Estimating secondary production for the brackish Westerschelde copepod population *Eurytemora affinis* (Poppe) combining experimental data and field observations. *Cah. Biol. Mar.*, **34**, 201-214.

Etcheber, H. (1983) Biogéochimie de la matière organique en milieu estuarien : comportement, bilan, propriétés. Cas de la Gironde. *Thèse de doctorat d'Etat.* Univ. Bordeaux I, 352 pp.

Etcheber, H., Jouanneau, J.M. et Latouche, C. (1977) Méthodologie d'étude de la distribution de quelques oligo-éléments métalliques associés aux sédiments d'un estuaire. Cas de la Gironde. *Rev. Intern. Océanogr. Med.*, **48**, 91-95.

Ewald, M., Belin, C., Berger, P. and Etcheber, H. (1983) Spectrofluorometry of humic substances from estuarine waters : progress of the technique. In Christman, R.F. and Gressing, E.T. (eds.), *aquatic and terrestrial humic materials*, 461-466.

Feurtet, A. (1989) Dynamique de population, caractérisation morphologique et production secondaire d'*Eurytemora affinis hirundoides* (copépode calanoïde) dans l'estuaire de la Gironde. *Thèse doctorat.* Univ. Bordeaux I, 168 pp.

Folch, J., Lees, M. and Sloane-Stanley, G.H. (1956) A simple method for the isolation and purification of total lipids from animal tissues. *J. Biol. Chem.*, **226**, 497-509.

Fontugne, M.R. and Jouanneau, J.M. (1987) Modulation of the particulate organic carbon flux to the ocean by a macrotidal estuary : evidence from measurement of carbon isotopes in organic matter from the Gironde system. *Estuar. Coast. Shelf. Sci.*, **24**, 377-387.

Frost, B.W. (1972) Effects of size and concentration of food particles on the feeding behaviour of the marine planktonic copepod *Calanus pacificus*. *Limnol. Oceanogr,* **17**, 805-825.

Frost, B.W. (1980) Grazing. In Morris, I. (ed.) *The physiological ecology of phytoplankton.* University of California press, Berkeley, 465-491.

Frost, B.W. (1985) Food limitation of the planktonic marine copepods *Calanus pacificus* and *Pseudocalanus sp.* in a temperate fjord. *Arch. Hydrobiol. Beih. Ergebn. Limnol.*, **21**, 1-13.

Gädge, U. (1988) Analyse experimenteller daten und Simulationrechnungen zur populationdynamik und Koexistenz von calanoiden Copepoden im Ems-Dollart-Ästuar. *Thèse doctorat.* Univ. Oldenburg, 88 pp.

Gifford, D.J. and Dagg, M.J. (1988) Feeding of the estuarine copepod *Acartia tonsa* Dana: Carnivory vs. herbivory in natural microplankton assemblages. *Bull. Mar. Sci.*, **43**, 458-468.

- Références bibliographiques -

Guillard, R.R.L. (1975) Culture of phytoplancton for feeding marine invertebrates. In Smith, W.L. and Chanley, M.H. (eds) *Culture of marine invertebrate animals*. Plenum Press, New York, 29-60.

Gulati, R.D. and Doornekamp, A. (1991) The spring-time abundance and feeding of *Eurytemora affinis* (Poppe) in the Volkerak-Zoommeer, a newly created freshwater lake system in the Rhine delta (the Netherlands). *Hydrobiol. Bull.*, **25**, 51-60.

Gyllenberg, G. (1984) The role of bacteria in *Eurytemora* feeding behavior. *Crustaceana*, **7**, 229-232.

Harris, R.P. (1977) Some aspects of the biology of the harpacticoid copepod, *Scottolana canadensis* (Wiley), maintained in laboratory culture. *Chesepeake Sci.*, **18**, 245-252.

Harris, R.P. and Paffenhöfer, G.A. (1976). Feeding, growth and reproduction of marine planktonic copepod *Temora longicornis* Müller. *J. Mar. Biol. Ass. U. K.,* **56**, 675-690.

Hart, R.C. (1987) Observations on calanoid diets, seston, phytoplankton relationships, and interferences on calanoid food limitation in a silt-laden reservoir. *Arch. Hydrobiol.,* **111**, 67-82.

Hart, R.C. (1988) Zooplankton feeding rates in relation to suspended sediment content : potential influences on community structure in a turbid reservoir. *Freshwater Biol.*, **19**, 123-139.

Hart, R.C. (1991) Food and suspended sediment influences on the naupliar and copepodid durations of freshwater copepods : comparative studies on *Tropodiaptomus* and *Metadiaptomus*. *J. Plankt. Res.*, **13**, 645-660.

Hart, R.C. (1992) Experimental studies of food and suspended sediments effects on growth and reproduction of six planktonic cladocerans. *J. Plankt. Res.*, **14**, 1425-1448.

Head, E.J.H. and Harris, L.R. (1987) Copepod feeding patterns before and during a spring bloom in Bedford basin, Nova Scotia. *Mar. Ecol. Prog. Ser.*, **40**, 221-230.

Heinle, D.R. (1969) Effects of temperature on the population dynamics of estuarine copepods. *Dissertation*. Univ. Maryland, 132 pp.

Heinle, D.R. and Flemer, D.A. (1975) Carbon requirements of a population of the estuarine copepod *Eurytemora affinis*. *Mar. Biol.*, **31**, 235-247.

Heinle, D.R., Harris, R.P., Ustach, J.F. and Flemer, D.A. (1977) Detritus as food for estuarine copepods. *Mar. Biol.,* **40,** 341-353.

Heip, C. (1989) The ecology of the estuarines of Rhine, Meuse and Scheldt in the Netherlands. In Ros, J.D. (ed.), *topics in marine biology*. Scientia Marina, **53,** Barcelona, 457-463.

Hernandez, M.A. (1997) Etude écologique du compartiment bactérien dans les estuaires de l'Elbe, de l'Escaut et de la Gironde : Dynamique, rôle dans le réseau trophique et caractéristiques métaboliques. *Thèse doctorat*. Univ. Bordeaux I.

Hirche, H.J. (1992) Egg production of *Eurytemora affinis* effect of K-strategy. *Estuar. Coast. Shelf. Sci.*, **35**, 395-407.

Hirche, H.J. and Kattner, G. (1993) Egg production and lipid content of *Calanus glacialis* in spring : indication of a food-dependent and food-independent reproductive mode. *Mar. Biol.*, **117**, 615-622.

- Références bibliographiques -

Hirche, H.J., Hagen, W., Mumm, N. and Richter, R. (1994) The northeast water polynya, Greenland Sea. III. Meso- and macrozooplankton distribution and production of dominant herbivorous copepods durinf spring. *Polar Biol.,* **14**, 491-503.

Hirche, H.J., Meyer, U. and Niehoff, B. (1997) Egg production of *Calanus finmarchicus* : effect of temperature, food and season. *Mar. Biol.*, **127**, 609-620.

Hirche, H.J., Baumann, M.E.M., Kattner, G. and Gradinger, R. (1991) Plankton distribution and the impact of the copepod grazing on primary production in Fram Strait Greenland sea. *J. Mar. Sys.*, **2**, 477-494.

Hochochka, P.W. and Somero, G.N. (1984) Adaptations to the deep sea. In *Biochemical adaptation.* Univ. Press. Princeton, New Jersey, 450-495.

Houde, S.E.L. and Roman, M.R. (1987) Effects of food quality on the functional ingestion response of the copepod *Acartia tonsa. Mar. Ecol. Prog. Ser.*, **40**, 699-717.

Huntley, M.E. (1982) Yellow water in La Jolla bay, California, July 1980. II. Suppression of zooplankton grazing. *J. Exp. Mar. Biol. Ecol.*, **63**, 81-91.

Huntley, M.E. and Lopez, M.D.G. (1992) Temperature dependante production of marine copepods : a global synthesis. *Amer. Nat.,* **140**, 201-242.

Huntley, M.E., Barthel, K.G. and Star, J.L. (1983) Particle rejection by *Calanus pacificus* : discrimination between similarly sized particles. *Mar. Biol.*, **74**, 151-160.

Huntley, M.E., Sykes, P., Rohan, S. and Marin, V. (1986) Chemically-mediated rejection of dinoflagellate prey by the copepods *Calanus pacificus* and *Paracalanus parvus* : mechanism, occurrence and significance. *Mar. Ecol. Prog. Ser.*, **28**, 105-120.

Ibanez, F., Fromentin, J.M. et Castel, J. (1993) Application de la méthode des sommes cumulées à l'analyse des séries chronologiques océanographiques. *C. R. Acad. Sci.*, **316**, 745-748.

Irigoien, X. (1994) Ingestion et production secondaire des copépodes planctoniques de l'estuaire de la Gironde en relation avec la distribution du phytoplancton et la matière en suspension. *Thèse de Doctorat.* Univ. Bordeaux I.

Irigoien, X. et Castel, J. (1992) Dynamique des pigments chlorophylliens dans l'estuaire de la Gironde. In Sorbe, J.C. et Jouanneau, J.M. (eds.), *colloq. Intern. Océanographie du Golfe de Gascogne.* CNRS, 73-77.

Irigoien, X. and Castel, J. (1995) Feeding rates and productivity of the copepod *A. bifilosa* in a highly turbid estuary; the Gironde (SW France). *Hydrobiologia,* **311**, 115-125.

Irigoien, X. and Castel, J. (1996) Light attenuation and distribution of chlorophyll pigments distribution in a highly turbid estuary, the Gironde (SW France). *Estuar. Coast. Shelf. Sci.* (sous-presse).

Irigoien, X., Castel, J. and Gasparini, S. (1996) Gut clearance rate as predictor of food limitation situations. Application to two estuarine copepods: *Acartia bifilosa* and *Eurytemora affinis. Mar. Ecol. Prog. Ser.,* **131**, 159-163.

Irigoien, X., Castel, J. and Sautour, B. (1993) In situ grazing activity of planktonic copepods in the Gironde estuary. *Cah. Biol. Mar.*, **34**, 225-237.

Irigoien, X., Burdloff, D., Castel, J. and Etcheber, H. (1995) Light limitation and organic matter in estuarine systems : the role of the maximum turbidity zone controlling the quality of the organic matter. Colloq. Intern. *Océanographie du Golfe de Gascogne*, 55-63.

Jónasdóttir, S.H. (1994) Effect of food quality on the reproductive success of *A.* tonsa and *A. hudsonica* : laboratory observation. *Mar. Biol.*, **121**, 67-81.

Jónasdóttir, S.H., Fields, D. and Pantoja, S. (1995) Copepod egg production in Long Island sound, USA, as a function of chemical composition of seston. *Mar. Ecol. Prog. Ser.*, **119**, 87-98.

Jouanneau, J.M. (1982) Matières en suspension et oligo-éléments métalliques dans le système estuarien girondin : comportement et flux. *Thèse de Doctorat d'Etat*. Univ. Bordeaux I, 150 pp.

Katona, S.K. (1971) The developmental stages of *Eurytemora affinis* (poppe, 1880) (*copepoda, calanoida*) raised in laboratory cultures, including a comparison with the larvae of *Eurytemora americana* Williams, 1906, and *Eurytemora herdmani* Thompson and Scott, 1897. *Crustaceana*, **21**, 5-20.

Kimmerer, W.J. (1983) Direct measurement of the production biomass ratio of the subtropical calanoid copepod *Acrocalanus inermis*. *J. Plankt. Res.*, **5**, 1-14.

Kimmerer, W.J. (1984) Spatial and temporal variability in egg production rates of the calanoid copepod *Acrocalanus inermis*. *Mar. Biol.*, **78**, 165-169.

Kimmerer, W.J. (1987) The theory of secondary production calculations for continuously reproducing populations. *Limnol. Oceanogr.*, **32**, 1-13.

Kimmerer, W.J. and Mc Kinnon, A.D. (1987) Growth, mortality and secondary production of the copepod *Acartia tranteri* in Westernport bay, Australia. *Limnol. Oceanogr.*, **32**, 14-28.

Kiørboe, T. (1989) Phytoplankton growth rate and nitrogen content : implications for feeding and fecundity in a herbivorous copepod. *Mar. Ecol. Prog. Ser.*, **55**, 229-234.

Kiørboe, T. and Sabatini, M. (1994) Reproductive and life cycle strategies in egg-carrying cyclopoid and free-spawning calanoid copepod. *J. Plankt. Res.*, **16**, 1353-1366.

Kiørboe, T. and Sabatini, M. (1996) Scaling of fecundity, growth and development in marine planktonic copepods. *Mar. Ecol. Prog. Ser.*, **120**, 285-298.

Kiørboe, T., Møhlenberg, F. and Hamburger, K. (1985) Bioenergetics of the planktonic copepod *Acartia tonsa:* relation between feeding, egg production and respiration, and composition of specific dynamic action. *Mar. Ecol. Prog. Ser.*, **26**, 85-97.

Kiørboe, T., Møhlenberg, F. and Nicolajsen, H. (1982) Ingestion rate and gut clearance in the planktonic copepod *Centropages hamatus* (Lilljeborg) in relation to food concentration and temperature. *Ophelia*, **21**, 181-194.

Kiørboe, T., Møhlenberg, F. and Riisgard, H.U. (1985) In situ feeding rates of planktonic copepods : a comparison of four methods. *J. Exp. Mar. Biol. Ecol.*, **88**, 67-81.

Kiørboe, T., Møhlenberg, F. and Tiselius, P. (1988) Propagation of planktonic copepods : production and mortality of eggs. *Hydrobiol.*, **167/168**, 219-225.

Klein-Breteler, W.C.M. (1982) The life stages of four pelagic copepods (copepoda : calanoida) illustrated by a series of photographs. in De Blok, J.W. (ed*) Netherlands Institute for sea research publication series n°6*, Texel, 32 pp.

- Références bibliographiques -

Klein-Breteler, W.C.M. (1986) Culture and development of *Temora longicornis* (copepoda, calanoida) at different conditions of temperature and food. *Syllogens (Mat. mus. can.)* **58**, 71-84.

Kleppel, G.S. (1992) Environmental regulation of feeding and egg production by *Acartia tonsa* off southern California. *Mar. Biol.*, **112**, 57-65.

Kleppel, G.S., Holliday, D.V. and Pieper, R.E. (1991) Trophic interactions between copepods and microplankton. A question about the role of diatoms. *Limnol. Oceanogr.*, **36**, 172-178.

Kleppel, G.S., Frazel, D., Pieper, R.E. and Holliday, D.V. (1988) Natural diets of zooplankton off southern California. *Mar. Ecol. Prog. Ser.*, **49**, 231-241.

Koga, F. (1973) Life history of copepods especially of nauplius larvae ascertained mainly with cultivation of animals. *Bull. Plankt. Soc. Japan*, **20**, 30-40.

Kühl, H. und Mann, H. (1968) a) Biologische bedentung der Wasserführung cines Tidesflusses. *Gewässer und Abwässer*, **47**, 41-60.

Kühl, H. und Mann, H. (1968) b) Vergleichende Untersuchungen über Hydrochemie und plankton deutscher flußmündungen. *Helgol. Wiss. Meesesunters*, **17**, 435-444.

Kuhlmann, D., Fukuhara, O. and Rosenthal, H. (1982) Shrinkage and weight loss of marine fish food organisms preserved in formalin. *Bull. Nansei. Reg. Fish. Res. Lab.*, **14**, 13-18.

Laane, R.W.P.M, Etcheber, H. and Relexans, J.C. (1987) The nutritive value of particulate organic matter in estuaries and its ecological implications for macrobenthos. *Mitt. Geol.-Paläont. Inst. Univ. Hamburg*, **64**, 71-91.

Landry, M.R. (1978) Population dynamics and production of a planktonic marine copepod, *Acartia clausi*, in a small temperate lagoon on San Juan Island, Washington, Int. *Rev. Ges. Hydrobiol.*, **63**, 77-119.

Legendre, L. and Rassoulzadegan, F. (1995) Plankton and nutrient dynamics in marine waters. *Ophelia*, **41**, 153-172.

Lenz, J. (1992) Microbial loop, microbial food web and classical food chain : their significance in Pelagic marine ecosystems. *Arch. Hydrobiol. Beih. Ergebn. Limnol.*, **37**, 265-278.

Lin, R.G. (1988) Etude du potentiel de dégradation de la matière organique particulaire en passage eau douce-eau salée : cas de l'estuaire de la Gironde. *Thèse Doctorat*. Univ. Bordeaux I, 209 pp.

Lorenzen, C.J. (1967) A method for the continuous measurement of *in vivo* chlorophyll concentration. *Deep Sea Res.*, **13**, 223-227.

Lovejoy, C., Vincent, W.F., Frenette, J.-J. and Dodson, J.J. (1993) Microbial gradients in a turbid estuary: application of a new method for protozoan community analysis. *Limnol. Oceanogr.*, **38**, 1295-1303.

Lucas, A. (1993) Bioénergétique des organismes : les concepts. In Masson (ed.) *Bioénergétique des animaux aquatiques*, Paris, 179 pp.

Lucas, A. and Beninger, P.G. (1985) The use of physiological condition indices in marine Bivalve aquaculture. *Aquaculture*, **44**, 159-166.

Mackas, D. and Bohrer, R. (1976) Fluorescence analysis of zooplankton gut contents and investigation of diel feeding patterns. *J. Exp. Mar. Biol. Ecol.*, **25**, 77-85.

Mann, K.M. (1988) Production and use of detritus in various freshwater, estuarine, and coastal marine ecosystems. *Limnol. Oceanogr.*, **33**, 910-930.

Mc Cabe, G.B. and O'Brien, W.J. (1983) The effects of suspended silt on feeding and reproduction of *Daphnia pulex*. *Am. Midl. Nat.*, **110**, 324-337.

Mc Gurk, M.D. (1986) Natural mortality of marine pelagic fish eggs and larvae : Role of spatial patchiness. *Mar. Ecol. Prog. Ser.*, **34**, 327-342.

Mc Laren, I.A. (1969) Population and production ecology of zooplankton in Ogac lake a land locked fjord on Baflin Island. *J. Fish. Res. Bd. Can.*, **26**, 1485-1559.

Mc Laren, I.A. and Corkett, C.J. (1981) Temperature dependent growth and reproduction by a marine copepod. *Can. J. Fish. Aquat. Sci.*, **38**, 77-83.

Mc Laren, I.A. and Leonard, A. (1995) Assessing the equivalence of growth and egg production of copepods. *ICES J. Mar. Sci.*, **52**, 397-408.

Mc Laren, I.A., Corkett, C.J. and Zillioux, E.J. (1969) Temperature adaptation of copepod eggs from the arctic to the tropics. *Biol. Bull.*, **137**, 486-493.

Meybeck, M. (1982) Carbon, nitrogen and phosphorous transport by world rivers. *Am. J. Sci.*, **282**, 401-450.

Migniot, C. (1971) L'évolution de la Gironde au cours du temps. *Bull. Inst. Geol. Bassin d'Aquitaine*, **11**, 221-279.

Mullin, M.M. (1963) Some factors affecting the feeding of marine copepods of the genus *Calanus*. *Limnol. Oceanogr.*, **7**, 239-249.

Mullin, M.M. and Brooks, E.R. (1970) Production of the planktonic copepod *Calanus Helgolandicus*. *Bull. Scripps Inst. Oceanogr.*, **17**, 83-103.

Murtaugh, P.A. (1985) The influence of food concentration and feeding rate on the gut residence time of *Daphnia*. *J. Plankt. Res.*, **7**, 415-420.

Neveux, J. (1983) Dosage de la cholorophylle a et des pheopigments par fluorimetrie. In CNEXO (ed.) *Manuel des analyses chimiques en milieu marin*, 193-203.

Nöthlich, I. (1972) Trophische Struktur und Bioaktivität der Planktongesellschaft im unteren Limnischen Bereich des Elbe Astuars. *Thèse doctorat.* Univ. Hambourg.

Ohman, M.D. and Runge, J. (1994) Sustained fecundity when phytoplankton resources are in short supply: omnivory by *Calanus finmarchicus* in the gulf of St. Lawrence. *Limnol. Oceanogr.*, **39**, 21-36.

Omori, M. (1970) Variations of lengh, weight, respiration rate and chemical composition of *Calanus cristatus* in relation to its food and feeding. In Steele, J.H., Oliver and Boyd (eds.) *Marine food chains*, Edinburgh, 113-126.

Paffenhöfer, G.A. (1972) The effect of suspended "red mud" on mortality, body weight and growth of marine planktonic copepod *Calanus helgolandicus*. *Water, Air and Soil Pollution*, **1**, 314-321.

Paffenhöfer, G.A. (1983) Vertical zooplankton distribution on the northeastern Florida Shelf and its relation to temperature and food abundance. *J. Plankt. Res.*, **5**, 15-33.

Paffenhöfer, G.A. and Harris, R.P. (1976) Feeding, growth and reproduction of the marine planktonic copepod *Pseudocalanus elongatus* Boeck. *J. Mar. Biol. Ass. U. K.*, **56**, 327-344.

Paffenhöfer, G.A. and Van-Sant, K.B. (1985) The feeding response of a marine planktonic copepod to quantity and quality of particles. *Mar. Ecol. Prog. Ser.*, **27**, 55-65.

Paffenhöfer, G.A., Strickler, J.R. and Alcatraz, M. (1982) Suspension feeding by herbivorous calanoid copepods : a cinematographic study. *Mar. Biol.*, **67**, 193-199.

Park, C. and Landry, M.R. (1993) Egg production by the subtropical copepod *Undinula Vulgaris*. *Mar. Biol.*, **117**, 415-421.

Pasternak, A.F. (1994) Gut Fluorescence in herbivorous copepods : an attempt to justify the method. *Hydrobiologia*, **292/293**, 241-288.

Peitsch, A. (1992) Untersuchungen zur populationdynamik und produktion von *Eurytemora affinis* (*calanoida, copepoda*) in Brackwasserbereich des Elbe ästuars. *Thèse doctorat*. Univ. Hambourg, 166 pp.

Pereira de Souza Santos, L. (1995) Contribution à l'étude des copépodes méiobenthiques : cycles d'ingestion, rôle des bactéries et des diatomées dans le régime alimentaire, budget énergétique. *Thèse doctorat*. Univ. Bordeaux I, 149 pp.

Peterson, I. and Wroblewski, W.S. (1984) Mortality rates of fishes in pelagic ecosystems. *Can. J. Fish. Aquat. Sci.*, **41**, 1117-1120.

Peterson, W. (1988) Rates of egg production by the copepod *Calanus marshallae* in the laboratory and in the sea off Gregon, USA. *Mar. Ecol. Prog. Ser.*, **47**, 229-237.

Peterson, W., Painting, S. and Barlow, R. (1990) Feeding rates of *Calanoides carinatus*. A comparison of five methods including evaluation of the gut fluorescence method. *Mar. Ecol. Prog. Ser.*, **63**, 85-92.

Philipps, I. (1980) Qualité des eaux dans l'estuaire de la Gironde. Répartition et comportement des sels minéraux dissous : Azote, phosphore et silice. *Thèse doctorat*. Univ. Bordeaux I, 189 pp.

Poli, J.M. (1982) Contribution à l'étude de la dynamique et de l'adaptation physiologique du copépode estuarien *Eurytemora hirundoides* (Nordquist, 1888) dans l'estuaire de la Gironde. *Thèse doctorat*. Univ. Bordeaux I, 118 pp.

Poli, J.M. et Castel, J. (1983) Cycle biologique en laboratoire d'un copépode planctonique de l'estuaire de la Gironde : *Eurytemora hirundoides*. *Vie et Milieu*, **33**, 79-86.

Poulet, S.A. (1976) Feeding of *Pseudocalanus minutus* on living and non living particles. *Mar. Biol.*, **34**, 117-125.

Poulet, S.A. and Chanut, J.P. (1975) Nonselective feeding of *Pseudocalanus minutus*. *J. Fish Res. Bd Can.*, **32**, 706-713.

Poulet, S.A. and Gill, C.W. (1991) Appendage activity recordings of the Sub-Antarctic copepod *Drepanopus pectinatus* in relation to its feeding behaviour. *Polar Biol.*, **11**, 431-438.

Poulet, S.A. and Marsot, P. (1978) Chemosensory grazing by marine calanoid copepods (*Arthropoda, crustacea*). *Science*, **200**, 1403-1405.

Poulet, S.A. and Marsot, P. (1980) Chemosensory feeding and food gathering by omnivorous marine copepods. In Kerfoot, W.C. (ed.) *Evolution and ecology of zooplankton communuties,* University Press of New England, Hanover, 199-218.

Poulet, S.A., Ianora A., Laabir M. and Klein Breteler, W.C.M. (1995) Towards the measurements of secondary production and recruitment in copepods. *ICÈS J. Mar. Sci.,* **52**, 359-368.

Price, H.J., Paffenhöfer, G.A. and Strikler, J.R. (1983) Modes of cell capture in calanoid copepods of the Chesapeake bay. *Limnol. Oceanogr.,* **28**, 116-123.

Pritchard, D.W. (1955). Estuarine circulation patterns. *Proc. Amer. Soc. civil engin.,* **81**, 1-11.

Pritchard, D.W. (1967) What is an estuary : physical view-point. In Lauff, G.H. (ed.) *Estuaries.* Arner Assoc. Adv. Sci., Washington.

Relexans, J.C., Etcheber, H., Castel, J., Escaravage, V. and Auby, I. (1992) Benthic respiratory potential with relation to sedimentary carbon quality in seagrass beds and oyster parks in the tidal flats of Arcachon Bay, France. *Estuar. Coast. Shelf Sci.,* **34**, 157-170.

Richman, S., Heinle, D.R. and Huff, R. (1977) Grazing by adult estuarine calanoid copepods of the Chesapeake bay. *Mar. Biol.,* **42**, 69-84.

Robinson, M. (1957) The effect of suspended materials on the reproductive rate of *Daphnia magna. Publ. Inst. Mar. Sci. Univ. Texas,* **4**, 265-277.

Roman, M.R. (1977) Feeding of the copepod *Acartia tonsa* on the diatom *Nitzchia closterium* and brown algae *(Fucus vesiculosus)* detritus. *Mar. Biol.,* **42**, 149-155.

Roman, M.R. (1984) Utilization of detritus by the copepod *Acartia tonsa. Limnol. Oceanogr.,* **29**, 949-959.

Romaña, L.A. (1982) Résultats de la campagne de mesure "Libellule I". Centre Oceanologique de Bretagne (ed.), 69 pp.

Runge, J.A. (1980) Effects of hunger and season on the feeding behavior of *Calanus pacificus. Limnol. Oceanogr.,* **25**, 134-145.

Runge, J.A. (1984) Egg production of the marine, planktonic copepod, *Calanus pacificus* Brodsky : Laboratory observations. *J. Exp. Mar. Biol. Ecol.,* **74**, 53-66.

Runge, J.A. (1985) a) Egg production rates of *calanus finmarchinus* in the sea of Nova Scotia. *Arch. Für Hydrobiol. (Beihefte Ergebnisse Der Limnol.),* **21**, 33-40.

Runge, J.A. (1985) b) Relationship of egg production of *Calanus pacificus* to seasonal changes in phytoplankton availability in Puget Sound, Washington. *Limnol. Oceanogr.,* **30**, 382-396.

Sabatini, M. and Kiørboe, T. (1994) Egg production, growth and development of the cyclopoid copepod *Oithona similis. J. Plankt. Res.,* **16**, 1329-1352.

San Sebastián, J.F. (1994) Variabilidad espacio-temporal de la biomasa y produccion del fitoplancton en el estuario de Urdaibai. *Thèse doctorat.* Univ. Bilbao, 201 pp.

Sautour, B. (1991) Populations zooplanctoniques dans le bassin de Marenne-Oleron; dynamique de population, nutrition et production des copépodes dominants. *Thèse doctorat.* Univ. Bordeaux I, 283 pp.

Sautour, B. and Castel, J. (1993) Feeding behaviour of the coastal copepod *Euterpina acutifrons* on small particles. *Cah. Biol. Mar.*, **34**, 239-251.

Schnack, D. and Böttger, R. (1981) Interrelation between invertebrate plankton and larval fish development in the Schlei fjord, western Baltic. *Kieler Meeresforsch, Sondern*, **5**, 202-210.

Sekeguchi, H., Mc Laren, I.A. and Corkett, C.J. (1980) Relationship between growth rate and egg production in the copepod *Acartia clausi hudsonica*. *Mar. Biol.*, **58**, 133-138.

Sellner, K.G. and Bundy, M.H. (1987) Preliminary results of experiments to determine the effects of suspended sediments on the estuarine copepod *Eurytemora affinis*. *Continental Shelf Res.*, **7**, 1435-1438.

Sellner, K.G. and Horwitz, R.J. (1983) Plankton interactions in the Patuxent River Estuary : Field studies of community composition and density, with a deterministic model of the effects of zooplankton grazing on phytoplankton carbon, production of fecal matter, sediment oxygen demand and nutrient regeneration. *Rapport n° 82-14 F*, Academy of natural sciences, Benedict, 119 pp.

Setchell, F.W. (1981) Particulate protein measurement in oceanographic samples by dye-binding. *Mar. Chemistry*, **167**, 311.

Sharpe, P.J.H. and De Michele, D.W. (1977) Reaction Kinetics of poikilitherm development. *J. Theor. Biol.*, **64**, 649-670.

Sherk, J.A., O'Connor, J.M., Neumann, D.A., Prince, R.D. and Wood, K.V. (1974) Effects of suspended sediments on feeding activity of the copepods *Eurytemora affinis* and *Acartia tonsa*. In Natural resources institute (ed.) *Effects of suspended ans deposited sediments on estuarine organisms phase II, final report*. Univ. Maryland, 164-202

Sherr, B. and Sherr, E. (1983) Enumeration of heterotrophic microprotozoa by epifluorescence microscopy. *Estuar. Coast. Shelf. Sci.*, **16**, 1-7.

Siefert, W. (1970) Die Salzgehaltsverhältnisse im Elbe-Mündungsgebiet. *Hamburger Küstenforschung*, **15**.

Sournia, A. (1978) Phytoplankton manual. Unesco (ed.), Paris, 337 pp.

Stearns, D.E., Litaker, W. and Rosenberg, G. (1987) Impact of zooplankton grazing and excretion on short interval fluctuations in chlorophyll a and nitrogen concentration on a well mixed estuary. *Estuar. Coast. Shelf Sci.*, **24**, 305-325.

Stearns, D.E., Tester, P.A. and Walker, R.L. (1989) Diel changes in the egg production rate of *Acartia tonsa* (*copepoda, calanoida*) and related environmental factors in two estuaries. *Mar. Ecol. Prog. Ser.*, **52**, 7-16.

Steele, J.H. and Baird, I.E. (1962) Carbon chlorophyll relations in cultures. *Limnol. Oceanogr.*, **7**, 101-102.

Stoecker, D.K. and Capuzzo, J.M. (1990) Predation on protozoa: its importance to zooplankton. *J. Plankt. Res.*, **12**, 891-908.

Stoecker, D.K. and Egloff, D.A. (1987) Predation by *Acartia tonsa* Dana on planktonic ciliates and rotifers. *J. Exp. Mar. Biol. Ecol.*, **110**, 53-68.

Strathmann, R.R. (1967) Estimating the organic carbon content of phytoplankton from cell volume or plasma volume. *Limnol. Oceanogr.*, **2**, 411-418.

Sullivan, B.K. and Ritacco, P.J. (1985) The response of the dominant copepod species to food limitation in a coastal marine ecosystem. *Arch. Hydrobiol. Beih. Ergebn. Limnol.*, **21**, 407-418.

Swadling, K.M. and Marcus, N.H. (1994) Selectivity in the natural diets of *Acartia tonsa* Dana (Copepoda: Calanoida). Comparison of juveniles and adults. *J. Exp. Mar. Biol. Ecol.*, **181**, 91-103.

Tackx, M.L.M., Irigoien, X., Daro, M.H., Castel, J., Zhu, L., Zhang, X. and Nijs, J. (1995) a) Copepod feeding in the Westerschelde and the Gironde. *Hydrobiologia*, **311**, 71-83.

Tackx, M.L.M., Zhu, L., De Coster, W., Billones, R. and Daro, M.H. (1995) b) Measuring selectivity of feeding by estuarine copepods using image analysis combined with microscopic and Coulter counting. *ICES J. Mar. Sci.*, **52**, 419-425.

Tesson-Gillet, M. (1980) Etude hydrologique saisonnière de la Gironde à Braud et St Louis. *Bull. Inst. Geol. Basssin d'Aquitaine*, **27**, 35-60.

Tranter, D.J. (1976) Herbivore production. In Cushing, D.H. and Walsh, J.J. (eds.) *The ecology of the seas, chapter 9*. Blackwell scientific publications, Oxford, 186-224.

Trujillo Ortiz, A. (1990) Hatching success, egg production and development time of *Acartia californiensis* Trinast (*copepoda, calanoida*) under laboratory conditions. *Clenc. Mar. Ensenada*, **16**, 1-22.

Tsuda, A. and Nemoto, T. (1987) The effect of food concentration on the gut clearance time of *Pseudocalanus minutus* Krøyer (*calanoida : copepoda*). *J. Exp. Mar. Biol. Ecol.*, **107**, 121-130.

Turner, J.T. and Tester, P.A. (1989) Zooplankton feeding ecology : nonselective grazing by the copepods *Acartia tonsa* Dana, *Centropages velificatus* De Oliveria, and *Eucalanus pileatus* Giesbrecht in the plume of the Mississipi river. *J. Exp. Mar. Biol. Ecol.*, **126**, 21-43.

Uye, S.I. (1981) Fecundity studies of neritic calanoid copepods *Acartia clausi* Giesbrecht and *A. steueri* Smirnov : a simple empirical model of daily egg production. *J. Exp. Mar. Biol. Ecol.*, **50**, 255-271.

Uye, S.I. and Takamatsu, K. (1990) Feeding interactions between planktonic copepods and red-tide flagellates from japanese coastal waters. *Mar. Ecol. Prog. Ser.*, **59**, 97-107.

Uye, S.I., Huang, C. and Onbe, T. (1990) Ontogenetic diel vertical migration of the planktonic copepod *Calanus sinicus* in the Inland sea of Japan. *Mar. Biol.*, **104**, 389-396.

Uye, S.I., Iwai, Y. and Kasahara S. (1983) Growth and production of the inshore marine copepod *Pseudodiaptomus marinus* in the central part of the inland sea of Japan. *Mar. Biol.*, **73**, 91-98.

Van Maldegem, D.C., Mulder, H.P.J. and Langerak, A. (1991) A cohesive sediment balance for the Scheldt estuary. *21 st symposium of ECSA, Marine and estuarine gradients*, Gent, 14 pp.

Van Spaendonk, J.C.M., Kromkamp, J.C. and De Vissher P.R.M. (1993) Primary production of the phytoplankton in a turbid coastal plain estuary, the Werserschelde (the Netherlands). *Neth. J. Sea Res.*, **31**, 267-279.

- Références bibliographiques -

Veiga, J. (1983) Le zooplancton de l'estuaire de la Gironde. Conséquences de l'hydrologie sur la répartion des espèces et sur la locomotion du copépode *Eurytemora hirundoides* (Nordquist, 1888). *Thèse doctorat.* Univ. Bordeaux I, 119 pp.

Verity, P.G. and Smayda, T.J. (1989) Nutritional value of *pheocystis pouchetii* (*Prymnesiophycae)* and other phytoplankton for *Acartia spp.* (*copepoda*) : ingestion, egg production and growth of nauplii. *Mar. Biol.,* **100**, 161-171.

Vidal, J. (1980) a) Physioecology of zooplankton. I. Effects of phytoplankton concentration, temperature, and body size on growth rate of *Calanus pacificus* and *Pseudocalanus sp.. Mar. Biol.,* **56**, 111-134.

Vidal, J. (1980) b) Physioecology of zooplankton. II. Effects of phytoplankton concentration, temperature, and body size on the development and moulting rates of *Calanus pacificus* and *Pseudocalanus sp.. Mar. Biol.,* **56**, 135-146.

Viitasalo, M. (1992) a) Calanoid resting eggs in the Baltic sea : implications for the population dynamics of *Acartia bifilosa* (*copepoda*). *Mar. biol.,* **114**, 397-405.

Viitasalo, M. (1992) b) Mesozooplancton of the gulf of Finland and northern Baltic proper. A review of monitoring data. *Ophelia,* **35**, 147-168.

Villate, F., Franco, J., Gonzalez, L., De Madariaga, I., Ruiz, A. and Orive E. (1991) A comparative study of hydrography and seston in five estuarine systems of the Basque country. *Estuaries and Cooast : spatial and temporal intercomparisons,* ECSA 19 symposium, 97-104.

Vuorinen, I. (1982) The effect of temperature on the rates of development of *Eurytemora hirundoides* (Nordquist) in laboratory culture. *Ann. Zool. Fennici,* **19**, 129-134.

Weber, O., Jouanneau, J.M., Ruch P. and Mirmand, M. (1991) Grain-size relationship between suspended matter originating in the Gironde estuary and shelf mud-patch deposits. *Mar. Geol.,* **96**, 159-165.

White, J.R. and Roman, M.R. (1992) a) Egg production by the calanoid copepod *Acartia tonsa* in the mesohaline Chesapeake bay: the importance of food resources and temperature. *Mar. Ecol. Prog. Ser.,* **86**, 239-249.

White, J.R. and Roman, M.R. (1992) b) Seasonal study of grazing by metazoan zooplankton in the mesohaline Chesapeake bay. *Mar. Ecol. Prog. Ser.,* **86**, 251-261.

Wilson, D.S. (1973) Food size selection among copepods. *Ecology,* **54**, 909-914.

Wlodarczyck, E., Durbin, A.G. and Durbin, E.G. (1992) Effect of temperature on lower feeding thresholds, gut evacuationrate, and diel feeding behaviour in the the copepod *Acartia hudsonica. Mar. Ecol. Prog. Ser.,* **85**, 93-106.

Oui, je veux morebooks!

i want morebooks!

Buy your books fast and straightforward online - at one of world's fastest growing online book stores! Environmentally sound due to Print-on-Demand technologies.

Buy your books online at
www.get-morebooks.com

Achetez vos livres en ligne, vite et bien, sur l'une des librairies en ligne les plus performantes au monde!
En protégeant nos ressources et notre environnement grâce à l'impression à la demande.

La librairie en ligne pour acheter plus vite
www.morebooks.fr

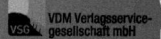

VDM Verlagsservicegesellschaft mbH
Heinrich-Böcking-Str. 6-8   Telefon: +49 681 3720 174   info@vdm-vsg.de
D - 66121 Saarbrücken   Telefax: +49 681 3720 1749   www.vdm-vsg.de

Printed by Books on Demand GmbH, Norderstedt / Germany